KB037021

미래 에너지
좀 아는 10대

미래 에너지 좀 아는 10대

이필렬 글
방상호 그림

태양부터
수소까지,

새로운
에너지
되어로는?

푸른숲

에너지는 변신 중!

인류는 지금 커다란 전환의 시기를 맞고 있어. 코로나 19 바이러스 팬데믹 여파로 일과 배움과 소통 방식에 큰 변화가 일어나고 있지. 여기에 인류가 직면한 가장 큰 위기인 기후 변화를 멈추려는 각 나라의 움직임도 시작됐지. 2020년에 영국, 독일, 프랑스에서 시작된 탄소 중립 선언이 전 세계로 퍼져 나가고 있단다. 한국과 일본은 물론이고 그동안 기후 변화에 큰 관심을 보이지 않았던 중국과 미국도 동참했지. 한국, 미국, 일본은 2050년까지 온실가스 배출량과 흡수량을 같게 만드는 탄소 중립을 달성하겠다고 발표했고, 중국은 2060년에 탄소 중립에 도달하겠다고 선언했지.

중국과 미국같이 큰 나라들까지 2050년경에 탄소 중립을 달성하면 기후 변화 속도는 상당히 꺾일 거야. 2100년까지 1.5도 이하까지는 못해도 2도 이하로는 지구 평균 기온 상승을 억제할 수 있을 거야. 그런데 온실가스 제로는 어떻게 도달할 수 있을까? 석유, 석탄, 가스 같은 화석연료 사용을 크게 줄여야 할 텐데, 현재 인류는 대부분의 에너지를 화석연료에서 얻고 있어. 이 에너지를 다른 것에서 만들어내야만 탄소 중립으로 나아갈 수 있는 거지.

온실가스를 내뿜지 않는 에너지로는 태양에너지와 풍력,

그리고 원자력이 있는데, 원자력은 사고가 나면 피해가 너무 커서 위험할뿐더러 핵폐기물 처분도 무척 어려워. 그렇다면 태양에너지와 풍력 에너지에서 얻어야겠지?

태양에너지와 풍력은 화석연료와 달리 온실가스를 만들지 않고 게다가 고갈되지도 않아. 깨끗하고 재생되는 에너지, 우리의 미래를 약속해 주는 에너지들이지. 이 책에서 말하는 바로 '미래 에너지'야. 미래 에너지로 전기를 만들어서 가정과 기업, 산업 현장에서 사용하면 기후 변화뿐만 아니라 에너지 고갈 문제 역시 해결될 수 있어.

그런데 태양광발전과 풍력발전은 어떻게 작동하는 걸까? 그리고 또 어떤 미래 에너지들이 있을까? 이제 우리 함께 지구를 살리고 우리 삶을 바꿀 미래 에너지에 대해 살펴보기로 해. 아무래도 물리학과 화학 이야기라 어렵게 여겨질 수도 있지만, 조금 집중해서 이야기를 따라오면 모두 충분히 이해할 수 있을 거야.

1장

에너지라는 세계

에너지의 탄생

아주 먼 옛날, 지금으로부터 138억 년 전까지는 지구도, 태양도, 별들도, 우주도 없었어. 시간과 공간도 없었다고 하니 정말로 아무것도 없었던 거야. 그런데 어떤 이유에서인지 모르겠지만 그때 엄청나게 큰 폭발이 일어났어. 이를 가리켜 과학자들은 '빅뱅'Big Bang이라고 하지. 이 대폭발이 일어나고 나서 눈 깜박할 사이, 아니 그보다 훨씬 더 짧은 순간, 그러니까 억만 분의 일의 억만 분의 일 초보다 더 짧은 시간에 어마어마한 에너지가 생겨났어. 에너지가 소용돌이치면서 소립자와 전자와 원자핵 같은 걸 만들어 냈고, 이것들이 시간의 흐름에 따라 뭉치고 널리 퍼지면서 별과 은하계와 우주가 만들어졌지. 그러니까 한마디로 이 우주, 이 세상의 처음 시작은 에너지라고 할 수 있어.

그런데 한 번 생겨난 에너지는 없어지지 않아. 과학 법칙 중에 에너지 보존 법칙이 있어. 간단히 말해서 에너지는 없어지지 않는다는 건데, 이 법칙은 우주에도 적용돼. 우주에서는 에너지 보존 법칙이 들어맞지 않는다고 주장하는 몇몇 과학자도 있지만, 대부분의 과학자들은 이 법칙에 예외가 없다고 말하지.

에너지 보존 법칙을 조금 어려운 말로 설명하면, "닫힌 시스템 안에서 에너지의 합은 일정하다"라고 할 수 있어. 닫힌 시스템이란 외부의 영향이 완전히 차단되어 고립된 시스템이라는 의미지. 다시 말하면, 외부에서 에너지가 들어오거나 빠져나가지 않는 곳에서는 에너지가 없어지거나 생겨나지 않는다는 거야.

물론 에너지의 형태는 변할 수 있어. 열에너지가 기계적인 운동에너지로 바뀌었다가 다시 전기에너지로 변하는 것처럼 말이야. 한번 예를 들어 볼게. 증기기관에서 석탄이 타면서 발생한 열에너지는 기계 바퀴를 돌리는 역학적 운동에너지로 바뀌고, 이 바퀴가 발전기를 돌려서 전기를 생산하는 과정에서 에너지의 형태는 여러 차례 변해. 하지만 이때도 에너지가 새로 생기거나 없어지지 않고, 전체 에너지의 양도 변하지 않는단다.

에너지 보존 법칙은 독일 의사인 마이어와 영국 과학자인 줄이 발견했어. 이 법칙은 나중에 열역학 제1법칙이라는 이름을 갖게 돼. 제1법칙이 있으니 제2법칙도 있겠지. 제2법칙은 '엔트로피 법칙'이라고도 하는데, 고립된 시스템에서는 엔트로피가 감소하는 일은 일어나지 않는다는 법칙이야. 에너지도 이해하기 어렵지만 엔트로피는 이해하기 더 어려워. 엔트로피와 에너지는 떼어 놓을 수 없는 관계지만, 이 책에서는 에너지를 중심으로 공부하기로 해.

아인슈타인의
$E=mc^2$

우주의 가장 처음에 에너지만 있었으니, 지금 존재하는 모든 것은 에너지에서 출발했겠지. 우리가 볼 수 있고 만질 수 있는 것은 모두 분자와 원자로 쪼갤 수 있다고 하지만, 이것들의 근원은 모두 에너지인 거야. 유명한 과학자 아인슈타인은 물질이 원래 에너지였다는 걸 특수 상대성 이론에서 밝혀냈어. 아인슈타인은 그 이론에서 "에너지와 물질은 서로 다른 게 아니다. 에너지가 물질도 되고, 물질도 에너지가 될 수 있다."라고 했어. '$E=mc^2$'이라는 식이 그걸 말해 주고 있지. 여기에서 E는 에너지, m은 물질의 질량, c는 빛의 속도야.

이 식에 따르면 물질 1그램^{g}은 90테라줄^{TJ}과 같아. 1테라줄은 27만 7,778킬로와트시^{kWh}야. 그러니 90테라줄은 2,500만 킬로와트시지. 우리나라 4인 가구 한 곳에서 1년 동안 사용하는 전기의 양이 4,000킬로와트시 정도니까, 물질 1그램을 에너지로 바꾸면 6,250가구가 1년 내내 쓸 수 있는 전기가 생겨나는 거야.

원자력발전소에서는 핵분열이 일어나고 태양 같은 우주의 큰 별들에서는 핵융합이 일어나고 있어. 핵분열이나 핵융합이 일어나면 어마어마하게 많은 에너지가 발생하는데, 바로 물질이 변해서 생기는 거야. 물질이 에너지에서 시작되었으니 에너지로 돌아가는 거지.

물질도 에너지에서 유래했으니, 생명체의 근본도 두말할 것 없이 에너지겠지. 그런데 생명이 없는 물질과 달리 생명체에서는 다양한 일들이 일어나. 식물은 잎이 나고 줄기가 자라고 열매가 생기고, 동물은 근육과 내장 기관과 신경 기관이 끊임없이 움직이면서 살아 있는 존재로 유지하지. 그런데 생명체의 이 모든 움직임도 바로 에너지가 만들어 내는 거야. 당연히 사람도 생명체니까 예외가 될 수 없겠지. 우리 몸도 에너지가 작용하지 않으면 모든 기관이 정지되면서 죽음을 맞이할 수밖에 없어.

문명과 에너지

사람은 다른 동물과 달리 문명을 이루었는데, 문명도 생명체와 마찬가지로 에너지가 공급되지 않으면 죽게 돼. 우리 삶을 가능하게 하는 현대 문명을 둘러봐. 거대한 공장에서 돌아가는 기계를 생각할 필요도 없어. 간단하게 피시방에 가서 컴퓨터 게임을 한다고 해 봐. 갑자기 정전이 일어나서 전기라는 에너지가 공급되지 않으면 모든 게 작동 정지야. 아무리 컴퓨터를 두드리고 흔들어도, 피시방 주인에게 항의해도 소용없어. 전기가 들어오지 않으면 꼼짝하지 않아. 스마트폰으로 게임을 하려 해도 마찬가지야. 전기를 공급하는 배터리가 나가 버리면 아무리 성능 좋은 스마트폰을 가지고 있어도 소용없어. 어디에선가 전기 에너지가 만들어져서 컴퓨터나 배터리에 공급되고 저장되어야 하는 거지.

전기는 현대 문명을 떠받치는 가장 중요한 에너지야. 전기가 없으면 움직이는 건 거의 모두 정지 상태가 돼. 눈에 보이는 것뿐 아니라 보이지 않는 것도 모두. 전파로 전달되어야 하는 방송, 정보의 움직임으로 작동하는 인터넷도 모두 얼음처럼 굳어 버리는 거지.

그런데 전기가 문명 속으로 들어온 지는 얼마 안 됐어. 과학자들이 전기를 제대로 연구하기 시작한 때는 200년쯤 전인 19세기 초이고, 본격적으로 사용하게 된 때는 140년 전쯤이야. 아주 초보적인 형태의 발전기와 배터리도 19세기 초에 나왔지.

그전에 인류 문명에서 사용된 에너지는 대부분 나무, 바람,

1-1 증기기관을 이용해 빠른 속도로 달리는 증기기관차의 등장은 물류 운송과 이동에 혁신을 일으켰다(출처: 위키미디어 커먼즈).

물, 사람과 가축의 근육에서 얻었어. 나무를 태워서 얻은 열에너지로 난방과 요리를 하고, 광석을 녹여 금속을 만들고, 흙이나 모래를 가열해서 도자기와 유리를 만들었지. 그리고 바람이나 물을 이용해서 배를 움직이고, 풍차나 수차를 돌릴 수 있는 운동에너지를 얻었어.

그러다가 18세기 말경에 증기기관이 확산되면서 석탄을 에너지원으로 사용하지. 증기기관은 석탄을 태워서 얻은 열에너지로 물을 끓여서 수증기를 만들고, 이 수증기로 기계장치를 움직이게 했어. 그런데 당시 사람들이 보기에 석탄은 땅속에 어마어마하게 많이 묻혀 있어서 마음만 먹으면 얼마든지

캐낼 수 있는 것이었지. 에너지를 언제든 얻을 수 있게 된 셈이야.

풍차나 물레방아를 이용해서 기계장치를 돌릴 때는 사람들이 바람과 물의 흐름에 맞춰서 생활하고 일할 수밖에 없었어. 자연의 리듬을 거스를 수 없었던 거지. 하지만 이제 석탄에서 에너지를 마음껏 얻을 수 있고, 이 에너지로 커다란 증기기관을 작동시키면서 인류 문명에 혁명적인 변화가 일어났어. 물건을 대량으로 생산할 수 있게 되었고, 이것들을 실어 나를 획기적인 수송 수단도 나타났지. 증기기관차가 철로를 달리고, 증기선이 강과 바다를 달릴 수 있게 된 거야. 그리고 그후 50년쯤 지난 19세기 말부터 전기를 사용할 수 있게 되면서 인류 문명은 더 큰 변화를 겪지.

증기기관과 만난 에너지

그런데 증기기관에 사용되는 석탄은 어떻게 에너지를 만들어 내는 걸까? 석탄이 타면 열이 발생해. 이 열이 바로 에너지야. 탄다는 것은 보통 탄소가 들어 있는 물질이 산소와 만나서 화학반응하는 걸 말해. 석탄은 땅속에 묻힌 나무가 오랫동안 공기가 통하지 않는 상태에서 썩지 않고 탄화되어 생성돼. 그러니 석탄 속에는 탄소가 많이 들어 있어. 탄소가 산소와 결합하면 이산화탄소가 되고, 이 과정에서 에너지가 열의 형태로 방출되는 거야.

에너지는 생겨나면 가만히 있지 않아. 주위로 퍼져 나가지. 열에너지도 마찬가지야. 진공을 제외하고 기체든 액체든 고체든 모두 뚫고 퍼져 나갈 수 있어. 진공 속에는 열을 실어 나를 수 있는 게 없지만 물질 속에는 열을 전달할 수 있는 게 들어 있기 때문이야. 기체, 액체, 고체 속에는 원자나 분자가 있거든. 이것들은 기체 속에서는 마음대로, 액체 속에서는 거의 마음대로 돌아다닐 수 있는데, 심지어 고체의 좁은 공간 안에서도 움직일 수 있어.

어떻게 가능한 걸까? 원자나 분자는 에너지가 전달되지 않는 상태에서는 움직임이 거의 없다가 에너지가 주어지면 활발하게 움직여. 고체에 에너지가 가해지면 그 속에 있는 원자나 분자의 진동이 아주 활발해지고, 이 진동을 통해서 열에너지가 다른 쪽으로 계속 전달되지.

증기기관에는 커다란 강철 통이 있고 그 속에 물이 들어 있는데, 석탄을 태우면 이때 나오는 열에너지가 강철 통으로 전달되어 강철 원자를 강하게 진동시켜서 강철을 아주 뜨겁게 만들어. 그 다음에 에너지는 강철 통을 거쳐서 물 분자들에게

1-2 와트 증기기관. 제임스 와트가 개발한 외트 증기기관은 산업 혁명의 핵심 원동력이었다(출처: 위키피디아).

전달되지. 에너지를 전달받은 물 분자들은 아주 활발하게 움직이다가 서로 분리되어 기체 상태의 수증기로 변해서 기계 장치를 돌리는 거야.

열심히 움직이면
열에너지 탄생!

열에너지는 석탄이나 석유, 가스, 나무같이 탄소를 포함한 물질을 태울 때만 발생하는 게 아니야. 원자나 분자를 일정한 공간 안에서 활발히 움직이게

만 하면 열에너지가 발생해. 열에너지가 발생하면 그 물체가 뜨거워지지. 거꾸로 말하면 뜨거운 물체는 에너지를 많이 가지고 있다고 할 수 있는데, 이유는 그 속에서 분자나 원자가 활발하게 움직이고 있기 때문이야.

우리가 두 손을 마주 대고 비비면 손이 따뜻해지잖아. 이때도 두 손의 마찰에 의해서 손바닥 속의 원자와 분자의 움직임이 활발해진 거라고 보면 돼. 선사 시대 사람들은 불을 피울 때 나뭇조각을 서로 빠르게 마찰시켰어. 영화나 드라마에서 나뭇조각에 나무 막대를 대고 비벼서 불을 피우는 걸 본 적 있을 거야. 마찰이 심하게 일어나면 좁은 공간에서 아주 많은 열에너지가 발생해서 불이 생기거든. 손바닥을 비비거나 나뭇조각을 마찰시킬 때 모두 운동이 일어나면서 운동에너지가 생기는 거지. 마찰이 일어날 때 뜨거워지는 것은 운동에너지가 열에너지로 바뀌기 때문이야.

햇빛을 받은 물건은 태양 광선 속의 빛 알갱이(광자)가 물건 속의 원자나 분자와 충돌해서 움직이게 만들면서 따뜻해지지. 돌멩이나 공이 날아가면, 이것들이 공기와 마찰하기 때문에 열이 발생해. 그런데 이때 생긴 열의 양은 많지 않고 움직이는 동안 사방으로 퍼지기 때문에 우리는 좀처럼 느끼지 못하지. 하지만 로켓처럼 아주 빠르게 움직이는 것은 운동에너지를 많이 가지고 있어서 공기를 뚫고 지나갈 때 생기는 마찰로 어마어마한 열이 발생해. 온도가 금세 몇 천도 이상 올라가고, 대부분의 금속은 이 온도를 견디지 못하고 녹아 버려. 그래서 공기와의 마찰이 가장 심한 로켓 머리 부분에 특수한 세라믹을 씌우는 거야.

전기난로를 켜면 뜨거운 열이 나오는 것도 원자의 움직임 때문이야. 전기는 전자가 일정한 방향으로 흘러갈 때 발생하지. 그런데 전자가 흘러갈 때 방해하는 원자들이 많으면 이것들과 자주 부딪히고, 원자들은 심하게 진동하게 돼. 이 진동으로 열이 많이 발생하는 거야. 전기난로 속에는 구리 선이 아닌 열선이 들어 있어. 열선은 전자를 잘 흘려보내지 않는 크롬 합금 같은 것으로 만들어.

반면에 구리 선은 전기를 잘 통과시키지. 구리 속은 전자가 흘러가는 길이 넓고, 장애물이 거의 없기 때문이야. 구리 선과 반대로 열선은 전자가 지나가는 길이 좁고 장애물 투성이야. 그래서 전기를 흘려보내면 전자가 좁고 장애물 많은 길을 헤치면서 지나가야 하지. 전자가 열선 속의 원자와 자주 심하게 충돌하는 거야. 그러면 열선 속의 원자가 진동을 많이 일으키고 열도 발생해. 전자레인지에서는 분자가 진동할 때 발생한 열로 음식을 데워.

그러면 전자레인지 속에는 열선도 없는데 어떻게 차갑게 식었던 피자가 따뜻해질까? 태양 광선의 빛 알갱이가 물체의 분자와 원자를 움직이게 해서 물체를 따뜻하게 만드는 것과 비슷한 작용이 일어났기 때문이야. 다만 태양 광선 대신 전자레인지의 전자기파가 피자 속의 분자들을 움직이게 만드는 거지.

영구 운동 기관을 향한 도전

에너지는 우리 삶에 반드시 필요하고, 그만큼 쓰임새가 아주 다양하기 때문에 오래전부터 사람들은 힘들이지 않고 에너지를 많이 얻을 수 있는 방법을 찾으려 했어. 아무 노력도 하지 않고 가만히 있는데도 에너지를 계속 얻을 수 있다면 어떤 보물보다 더 소중한 보물을 갖게 되는 거니까. 사람들은 영구 운동 기관에 그 비밀이 있다고 생각했어. 영구 운동 기관은 한 번 작동시키면 스스로 계속 작동하는 장치를 말해. 자전거를 뒤집어 놓고 바퀴를 한번 돌렸는데, 이 바퀴가 서지 않고 계속 돌아가면, 이게 바로 영구 운동 기관이 되는 거야.

오늘날의 인류가 대부분의 에너지를 얻는 석탄, 석유, 가

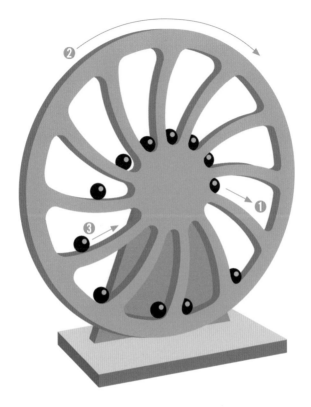

1-3 영구 운동 기관의 예. 바퀴를 왼쪽으로 돌리면 칸마다 들어 있는 구슬이 왼쪽 방향으로 굴러가면서 바큇살을 아래로 눌러 계속해서 바퀴를 돌린다.

스, 원자력은 모두 얻을 수 있는 양이 한정되어 있어. 언젠가는 없어지고 말아. 그런데 저절로 에너지를 무한정 만들어 내는 기계가 있다면 에너지 고갈 문제는 단번에 해결되겠지?

그래서 많은 사람이 영구 운동 기관을 만들려 했고, 다양한 장치들을 내놓았어.

지금도 전 세계 곳곳에서 이런 장치를 만들었다고 주장하는 사람들이 있어. 그렇지만 모두 사람들 앞에서 증명하는 데는 실패했지. 이유는 간단해. 영구 운동 기관이 앞에서 이야기한 에너지 보존 법칙을 위반한 것이기 때문이야. 이 법칙은 에너지는 저절로 생겨나지 않는다고 말하고 있잖아.

과학 기술이 아무리 발달해도 에너지를 저절로 생산하는 장치는 존재할 수 없어. 숨어 있는 에너지나 버려지는 에너지를 활용하는 과학 기술이 나와서 석유나 석탄이 고갈돼도 에너지를 풍부하게 쓸 수 있도록 해 줄 수는 있지만 말이야.

2장

우리가 '미래' 에너지를 찾는 이유

지금 인류는 새로운 에너지를 찾으려고 아주 열심히 노력하고 있어. 그도 그럴 것이 석유, 석탄, 가스는 온실가스를 내뿜고 기후 변화를 일으켜서 인류 문명을 위기로 몰아넣고 있으니까. 화석 연료 소비가 지금처럼 계속되면 수십 년 후에 지구 평균 기온이 2~3도 올라가서 기후 균형이 크게 망가질 수도 있어.

그렇게 되면 아주 더운 날과 아주 추운 날이 늘어나고, 초대형 태풍과 물 폭탄도 더 자주 발생할 거야. 그런데 이런 일이 수십 년 후에 일어난다면 가장 크게 피해를 입을 사람들은 지금의 어린이와 청소년들이겠지? 그래서 기후 변화와 지구 환경에 관심이 높은 나라의 청소년들은 자신들의 미래를 지키기 위한 행동에 나서기도 했지.

2-1 그레타 툰베리는 환경 운동으로 2019년 노벨평화상 후보에도 선정되었다(출처: 위키피디아).

2018년 당시 중학생이던 스웨덴의 그레타 툰베리라는 소녀가 학교 수업을 빠지고 혼자 스웨덴 의회 앞에서 시작한 피켓 항의는 곧 전 세계의 많은

청소년이 참가하는 '미래를 위한 금요일'Fridays for Future이란 행동
으로 확대되었어. 툰베리는 2019년에 유엔에서도 연설을 했
는데, 그때 각 나라의 지도자들에게 "당신들이 헛된 말로 나
의 꿈과 어린 시절을 빼앗았어요."라고 항의했지. 툰베리는
이렇게 아주 열정적으로 자신과 청소년들의 미래를 위해 행
동하면서 자신이 배출하는 온실가스를 줄이는 노력도 하고
있어. 부모님을 설득해서 가족 모두 채식을 하고, 비행기를
타지 않고, 재활용을 실천하는 삶을 살고 있지.

채식, 육식, 온실가스

툰베리는 유엔에서 연설하러 뉴욕에 갈
때 화물선을 타고 갔어. 온실가스 배출
을 줄이기 위해서였는데, 국제민간항
공기구ICAO의 자료에 따르면 비행기를 탈 경우 이산화탄소가
338.4킬로그램 정도 나온대. 배를 탈 때는 유엔기후변화협약
UNFCC에 따르면 198.47킬로그램이 배출된다고 하니, 그만큼
온실가스 배출을 줄일 수 있었던 거지.

그런데 비행기를 타지 않으면 온실가스가 적게 나온다는
건 알겠는데, 채식을 하면 왜 온실가스가 적게 나올까? 채식
을 하면 소고기가 들어간 식사를 할 때에 비해 이산화탄소가

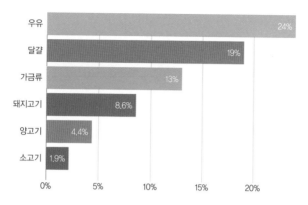

2-2 우유와 고기의 에너지 변환 효율(사료 속의 에너지가 고기 속의 에너지로 변환되는 비율). 소고기의 경우 사료 100칼로리가 고기 1.9칼로리로 변환된다.

4분의 1 정도 나온다고 해. 유엔기후변화협약에서 만든 이산화탄소 배출량 계산 프로그램을 통해 계산해 보면 채식은 1.69킬로그램, 육식은 6.93킬로그램을 배출한다는 걸 확인할 수 있어.

소고기를 먹으면 왜 이산화탄소를 많이 배출하게 될까? 이유는 우리가 먹는 소고기를 공장식 축산을 통해 사료를 먹고 자란 소에서 얻기 때문이야. 공장식 축산에는 난방, 냉방, 조명 등이 필요하기 때문에 에너지를 많이 사용해. 그리고 사료는 대부분 옥수수 같은 곡식을 가지고 만드는데, 사료가 소의 몸속에서 에너지 변환을 일으킬 때의 효율은 50대 1 정도야.

다시 말하면 사료 속의 에너지 50이 있어야 고기 속의 에너지 1을 얻는다는 거지. 우유나 육류의 에너지 변환 효율을 보면 우유와 달걀이 높고 소고기가 가장 낮아. 달걀과 소고기를 비교하면 소고기는 달걀의 10분의 1밖에 안 돼. 그러니 채식이 육식보다 훨씬 적은 온실가스를 내놓는 것이고, 기후 변화를 정말 염려하는 사람들은 고기를 먹지 않거나 적게 먹는 거야.

사람들이 채식하는 데는 여러 가지 이유가 있어. 기후 변화나 에너지 문제에 대한 관심이 적었던 시절에는 생명에 대한 존중심에서 채식을 했어. 대표적인 예가 불교의 생명 존중 사상과 육식을 금하는 생활이지. 물론 식물도 생명을 가지고 있는데 채식이 진정한 생명 존중이냐고 반론을 제기하는 사람도 있어. 하지만 인간이라는 생명체도 생명을 유지하려면 에너지를 공급받아야 하기 때문에, 생명 유지는 하면서도 생명체는 가능한 한 적게 죽이는 방법을 채식에서 찾았던 거야.

그런데 지금은 기후 변화를 막는 데 조금이라도 기여하기 위해서 채식하는 사람들이 늘어나고 있어. 나는 2000년부터 채식을 시작했지만 몇 달 후엔 생선만 먹는 낮은 단계의 채식으로 바꿨고, 지금까지 하고 있어. 가정과 직장에서 완전한 채식을 하는 게 너무 어려웠기 때문이야. 내가 채식을 선택한 이유는 에너지 문제, 기후 변화 문제 때문이었어. 나의 작은 행동으로 이 문제 해결에 조금이라도 도움이 되었으면 하는 생각이었지. 그리고 몇 년 후에는 집에 태양광 발전기도 설치했단다.

2000년경에는 내가 육고기를 먹지 않는 이유를 묻는 사람들에게 그 답으로 에너지 문제와 기후 변화 이야기를 하면, 대부분 이해를 하지 못하거나 그런다고 달라지는 거 있느냐는 식의 대답이 돌아왔어. 그래도 지금은 툰베리의 행동이나 기후 변화 심각성이 여러 매체에 꽤 자주 소개되어서 그런지 조금 달라졌단다.

원자력발전은 기후 변화의 해결사?

비행기 대신 배를 타고, 채식을 해도 에너지는 반드시 필요해. 그런데 화석연료를 안 쓰고도 인류가 충분한 에너지를 얻을 수 있을까? 영국 과학자 제임스 러브록은 그 에너지를 온실가스 배출량이 적은 원자력에서 찾아냈어. 그는 원자력이 인류를 구원할 유일한 녹색 에너지라고 주장해. 러브록은 1960년대에 지구가 하나의 살아 있는 생명체라고 주장하는 가이아 이론을 내놓아서 크게 주목받은 과학자야.

그는 기후 변화를 일으켜서 지구 생태계를 파괴하는 인류가 지구라는 생명을 죽이는 '암 같은 존재'라고 말했지. 그런 그가 기후 변화를 해결하고 지구를 살릴 수 있는 길이 원자력 발전에 있다고 한 거야. 러브록은 앞으로 수십 년 안에 수천 개의 원자력 발전소를 건설한다면 화석연료를 쓰지 않고도 충분한 에너지를 얻을 수 있고, 기후 변화도 막을 수 있다고 주장해. 러브록은 1919년, 아주 오래전에 태어났지. 그래서인지 오랜 세월이 흐르는 동안 생각도 점점 바뀌었어. 지구 생명을 원자력으로 살린다는 것도 그런 흐름에서 나온 거야. 100살 때인 2019년에는 인간보다 훨씬 뛰어난 인공지능이 지배하는 세상이 오는 것도 나쁘지 않다는 책도 썼어.

그런데 정말 원자력으로 지구와 인류 문명을 구할 수 있을까? 원자력 발전을 크게 늘리면 이산화탄소 같은 온실가스 배출을 꽤 많이 줄일 수 있는 건 사실이야. 화석연료를 태우지 않고 에너지를 얻는 거니까. 그렇지만 다른 위험이 있어. 이 위험도 기후 변화와 마찬가지로 미래와 밀접한 관련이 있는 거야. 원자력을 많이 하면 할수록 방사능 사고 위험이 높아질 뿐만 아니라 방사능을 내뿜는 폐기물이 많이 나오는데, 이게 모두 미래 세대에게 큰 해를 끼칠 수 있기 때문이지.

방사능은 눈에 보이지도 않고 냄새나 소리로도 느낄 수 없지만 조용히 생명체의 세포를 파괴해. 조금 쬐면 큰 피해는 없어. 병원에 가면 종종 엑스레이 검사를 하는데, 엑스레이도 방사능이란다. 방사능을 우리 몸 여기저기에 쏘아도 괜찮은 건 아주 잠깐 쬐기 때문이지. 이때 세포가 조금 손상을 입지만 복구되거든. 그래도 100퍼센트 안전한 건 아니야. 엑스레이 기계를 직업적으로 다루는 사람들은 방사능에 자주 노출되겠지. 그래서 항상 조심해야 해. 엑스레이를 찍을 때 이 분들을 자세히 관찰하면 납덩이가 들어 있는 특수한 옷을 걸치고 조심스럽게 일하는 걸 볼 수 있어.

원자력발전의 위험성

원자력발전소에서 배출되는 폐기물에는 위험한 방사능을 아주 오래 내뿜는 물질들도 많이 들어 있어. 이 물질들은 수만 년 넘게 방사능을 뿜기도 해.

구 소련 우크라이나공화국의 체르노빌과 일본 후쿠시마에서 있었던 원전 사고를 생각해 봐. 1986년, 체르노빌 원자력발전소에서 큰 폭발 사고가 일어났어. 폭발과 함께 그 속에 있던 방사성 물질들이 쏟아져 나와 온 세계로 퍼졌지. 우리나라에서도 그 방사능이 검출되었어. 이 사고로 많은 어린이가

2-3 폭발 직후의 체르노빌 원자력발전소(출처: 위키피디아)

갑상선암에 걸렸고, 오랜 기간에 걸쳐서 수만 명도 넘는 사람들이 죽었지. 사고가 난 후, 발전소 주변 30킬로미터 안에 살던 사람들은 모두 쫓겨났어. 발전소 주변에 퍼진 방사능이 너무 강해서 그곳에 머무는 게 아주 위험했기 때문이지. 수십 년이 지난 지금까지도 방사능 수치가 높아서 사람이 살기 어려워. 사고가 난 발전소는 방사능이 더 새어 나오지 못하게 콘크리트로 완전히 밀봉해 버렸는데, 수십 년 후에 방사능으로 콘크리트가 삭고 무너져서 강철 구조 돔으로 다시 덮어 씌워야 했지. 그런데 방사능 수치가 높아서 이 작업을 하는 사람들은 하루에 다섯 시간만 일해야 했고, 한 달동안 일하면 15일을 쉬고 나서야 다시 일을 시작할 수 있었어. 이렇게 원자력발전소 폐기물에서 나오는 방사능이 위험한 거야.

후쿠시마 원자력발전소 사고는 2011년에 우리나라와 가까운 일본에서 일어났으니 아직도 많은 사람들의 기억에 생생하게 남아 있지. 그때 큰 지진이 일어나서 '쓰나미'라고 부르는 지진 해일이 해안 마을과 도시를 덮쳤는데, 거기에 있던 원자력발전소에도 바닷물이 들어와서 발전기와 비상 발전기가 모두 망가졌어. 전기가 끊긴 것이지.

그런데 원자력발전소는 전기가 끊기면 지옥 같은 상태로 변해. 원자로 연료에서 방출되는 열은 물을 돌려서(순환) 계속 식혀야 하는데, 전기가 끊겨 펌프가 돌아가지 않으니 원자로 내부가 뜨거워지면서 수소가 생겼어. 수소는 작은 불꽃만 있어도 폭발하는데, 바로 후쿠시마에서 수소 폭발이 일어난 거야. 여러 번 폭발하면서 발전소 건물이 무너졌고, 방사성 물질이 쏟아져 나와 걷잡을 수 없이 퍼졌지. 그리고 원자로의 온도가 너무 높아져서 우라늄 연료가 녹아 버리는 멜트다운 meltdown에 이어서 멜트스루 melt-through도 일어났어. 멜트스루는 액체 상태의 뜨거운 연료가 강철 용기도 녹여 버리고 아래로 흘러내린 상태를 가리킨단다.

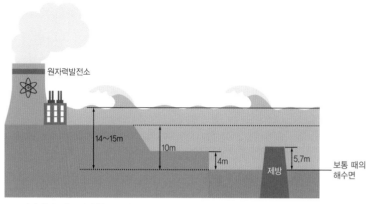

원자력발전소

14~15m

10m

4m

제방

5.7m

보통 때의 해수면

2-4 지진 해일로 후쿠시마 원자력발전소에 바닷물이 쏟아져 들어갔다. 디젤 비상 발전기는 지하에 있었기 때문에 물에 잠겨 쓸 수 없게 되었다.

멜트다운은 아주 위험한 사고야. 후쿠시마 원전에서 멜트다운과 멜트스루가 계속 진행되었다면 수소 폭발보다 훨씬 더 큰 폭발이 일어나서 엄청나게 많은 방사성 물질이 지구를 뒤덮었을 거야. 멜트다운은 작업자들과 군인들이 위험을 무릅쓰고 온갖 장비를 동원해서 아주 많은 양의 물을 마구 퍼부어 원자로를 식힌 다음에야 멈췄어. 그제서야 겨우 대폭발 위험이 제거되었지.

그런데 이 물이 어디로 갔겠어? 방사능에 잔뜩 오염된 물이 바다와 땅속으로 들어가서 바다와 땅을 오염시켰어. 후쿠시마 원전 주변 창고에는 방사능으로 크게 오염된 흙과 물을 담은 용기들이 아주 많이 보관되어 있어. 안전하게 처리하기가 너무 어려워서 그냥 보관하고 있는데, 시간이 지나면서 하나둘 유실되었지. 그나마 창고에만 있으면 방사능이 새어나가지 않을 텐데, 태풍이나 홍수가 나서 쓸려 없어지면 어딘가로 방사능이 퍼지게 돼. 게다가 이제는 보관이 어려워져서 오염된 물을 바다에 버린다고 하지. 일본 정부에서는 후쿠시마 원전 사고의 피해가 크지 않고, 오염수를 바다에 버리는 것도 위험하지 않다고 선전하지만 사고의 결과는 오랜 시간에 걸쳐서 분명하게 나타날 거야.

원자력발전을 찬성하는 사람들은 체르노빌이나 후쿠시마의 원전 사고는 안전을 크게 고려하지 않은 낡은 기술 때문에 일어난 것뿐이라고 주장하기도 해. 어떤 사람은 폭발이 크지 않았고 방사능도 별로 나오지 않았다는 주장까지 하지. 그리고 현재 우리나라에서 건설하는 원자력발전소는 최신 기술로 만들어져 안전하기 때문에 대형 사고가 일어날 가능성은 없다고 말해. 게다가 원자력 발전이 우리나라에서 사용하는 전기의 30퍼센트를 생산하는 매우 중요한 에너지원이라고 주장하지.

새로 지은 원자력발전소가 이전에 만들어진 것보다 더 안전한 건 사실이야. 2차 세계대전이 끝나고 미국과 영국에서 처음 원자력 발전을 시작한 이후, 수십 년 동안 연구하고 새로 개발된 기술이 적용되었으니까 더 안전해졌다고 할 수 있지.

그렇다 해도 큰 사고가 일어날 가능성이 전혀 없는 건 아니야. 설령 그런 사고가 일어나지 않고 안전하게 가동된다고 해도 오랫동안 방사능을 내뿜는 방사성 폐기물이 생기는 건 막을 방법이 없고.

방사성 폐기물이 내뿜는 방사능은 오랜 기간 동안 서서히 줄어드는데, 아무리 기술이 발달해도 그 기간을 줄일 수는 없어. 방사능의 피해를 줄이는 방법은 방사성 물질을 그저 멀리 떨어뜨리고 싸매어 놓아서 방사능이 생명체에 도달하지 못하도록 하는 것뿐이야.

트럭 몇 대에 실어서 옮길 수 있는 적은 양이면 깊은 땅속에 묻든가 해서 간단하게 처리할 수 있겠지. 하지만 스무 개가 넘는 원자력발전소를 가진 우리나라에서 해마다 쏟아지는 방사성 폐기물은 트럭 수백 대가 있어야 실어 나를 정도로 많아. 지금까지 수십 년간 발전소가 가동되었으니 그동안 생긴 것도 많이 쌓인 상태지. 앞으로도 계속해서 생겨날 텐데, 이것을 안전하게 처리하는 건 너무 어려운 일이야. 지금의 청소년들이 어른이 되는 수십 년 후면 더욱 많아질 테고, 기후 변화와 마찬가지로 미래를 위협하는 요소가 될 거야.

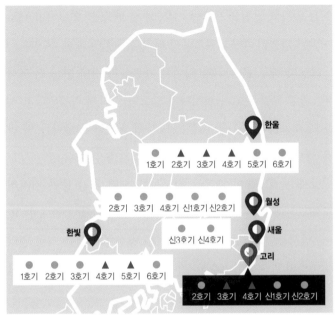

2-5 우리나라 원자력발전소 지도. 2021년 8월 기준으로 24기가 가동 중이다. 신고리 5,6호기(울산)와 신한울 1,2호기(울진)는 건설 중이다.

소형 원자로(SMR)가 위험을 낮춰 줄까?

그런데도 원자력이 기후 변화로부터 미래를 지켜 줄 에너지라고 믿는 사람들이 많아. 이들은 체르노빌, 후쿠시마, 스리마일 같은 대형 원자력발전소가 아닌, 작고 다루기 쉬워서 사고 가능성이 아주 낮은 신형 원자로에서는 대형 사고가 일어나지 않는다고 주장하지. 미국, 러시아, 중국 그리고 우리나라에서 이런 원자로를 개발하고 있고, 2025년이 되기 전에 완성품이 나온다고 해.

이런 원자로를 SMRsmall modular reactor이라고 부르는데, 마이크로소프트를 창업한 빌 게이츠도 적극적으로 투자하고 있고 우리나라 정부에서도 수천억 원을 투입해서 개발하고 있어. 원자력 발전을 계속하려는 사람들은 많은 건설 비용과 높은 위험성, 건설 부지 확보 실패로 침체 상태인 원자력발전의 활로를 SMR에서 찾으려 해. 이 원자로의 규모는 대형 원자로의 20분의 1 정도밖에 안 돼. 게다가 공장에서 똑같은 것을 수십, 수백 개 만들 수 있다고 해. 그래서 발전소 건설 현장에서 여러 부품들을 조립해서 만드는 대형 원자로와 달리 SMR은 완제품을 가져다가 설치만 하면 된대. 한 곳에 열 개를 짧은 시간동안 한꺼번에 설치하는 것도 가능하다고 해. 게다가 사고 위험도 적다고 하니 원자력발전을 찬성하는 사람들이 적극적으로 밀고 있고, 우리나라 정부에서도 적극적으로 지원하고 있어.

그러면 SMR이 정말 미래의 희망 에너지가 될 수 있을까? 이것으로 친환경 그린 수소도 만들겠다고 선전하는데, SMR이 정말 친환경 그린 에너지의 원천이 될 수 있을까? 아마 원

2-6 대형 원전과 소형 원전의 특징 비교

구분	대형 원전	소형 원전
발전 용량	1000~1400메가와트	10~30메가와트
부품 수	약 100만 개	약 1만 개(모듈화)
공사 기간	5년 이상	2년 이내
건설 비용	5~10조 원, 국가적 결정	약 3,000억 원, 지자체 결정
안전성	강제순환형 냉각: 정전 시 긴급 조치 필요, 자동화 불가능	자연순환형 냉각: 무한 정전 시에도 안전 확보, 전 자동화 가능
비상 대피 구역	원전 반경 30킬로미터	원전 반경 300미터
연료 교체 주기	18개월	20년
핵 확산	사용 후 핵연료 지속 발생 및 핵 확산 가능성 노출	노심 비분해 캡슐로 핵 확산 위험 최소화

자력 옹호자들의 희망 사항으로 그치게 될 거야. 원자력의 치명적인 문제는 방사능의 위험이잖아.

그렇다면 SMR은 방사능 위험이 없을까? 원자로에서 방사능이 누출되고 폭발하는 일도 없을까? 핵연료가 SMR 원자로 속에서 핵분열할 때 나오는 방사성 폐기물은 위험하지 않은 걸까? 최신 기술을 적용하기 때문에 폭발은 거의 일어나지 않을지 몰라. 그렇지만 방사성 폐기물은 생겨날 수밖에 없어. 핵분열이 일어나면 방사성 폐기물이 나온다는 건 자연법칙이 야. 자연법칙은 기술이 아무리 발달해도 바뀌는 게 아니거든.

SMR에서도 수만 년 동안 꽁꽁 싸매 두어야 하는 폐기물이 나오면 지금 작동하는 원자력발전소와 크게 다를 바가 없겠지. 조금 개선될 수는 있지만, 그렇다고 희망의 미래 에너지가 될 수는 없어.

3장

떠오르는 미래 에너지, 태양 에너지

태양이 주는 에너지

화석연료를 사용하면 기후 변화가 심해지고 원자력을 사용하면 방사성 폐기물이 생겨서 미래 환경을 망치는데, 에너지를 얻을 수 있는 다른 좋은 방법은 없을까? 온실가스도, 방사성 폐기물도 나오지 않고 고갈되지도 않는 그런 에너지가 과연 있을까?

답은 인류가 화석연료를 사용하기 전에 어떻게 생활했는지 생각해 보면 금방 찾을 수 있어. 그때는 나무, 햇빛, 바람, 물, 가축으로부터 에너지를 얻었잖아. 온실가스나 방사능과는 거리가 아주 먼 에너지였고, 많이 써도 줄어들지도 않았지.

사실, 지구로 일 년 동안 들어오는 태양에너지는 인류가 같은 기간에 사용하는 에너지보다 7,500배나 더 많아. 인류가 정말 지구와 인류 문명의 미래를 생각한다면 그런 에너지로 눈을 돌려야 하는데, 이런 생각을 한 사람들이 꽤 오래 전부터 있었어. 이들은 태양에너지, 풍력, 생물 자원 같은 에너지원을 사용함으로써 원자력발전이나 화석연료 사용을 몰아내기 위해 열심히 기술을 개발하고 보급했지. 그리고 지금 큰 성공을 거두었어.

2020년의 태양에너지 기술은 20년 전인 2000년에 비해 크게 발달했고, 값도 아주 많이 낮아졌어. 2003년에는 작은 태

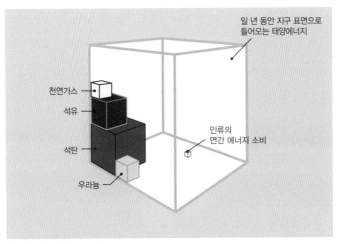

일 년 동안 지구 표면으로
들어오는 태양에너지

천연가스

석유

석탄

우라늄

인류의
연간 에너지 소비

3-1 인류가 소비하는 에너지, 그리고 지구가 가진 에너지원의 비율.

양광 발전기(3킬로와트)를 설치하려면 자그마치 3,000만 원이 들었는데, 지금은 똑같은 것을 250만 원에 설치할 수 있게 되었으니 말이야. 그 덕에 2020년에는 태양에너지가 지구 전역에서 20년 전보다 거의 천 배나 많은 전기를 만들어 낼 수 있었어.

태양에너지 이용 기술은 태양광발전, 태양열발전, 태양열 온수 생산 등이 있는데, 그 중에서 지금 가장 빠르게 퍼지고 있고 미래의 에너지 기술로 주목 받는 것은 태양광발전 기술이야. 이 기술은 태양전지를 이용해서 전기를 생산해. 태양전지는 대부분 반도체를 가지고 만드는데, 반도체는 보통 때는 전기를 통과시키지 않다가 에너지를 받으면 전자가 움직이면서 전기를 통과시켜. 반도체로 만든 태양전지가 태양에너지를 받으면 전지 속에 있는 전자가 한 방향으로 움직이면서 전기를 만들어 내지.

태양광과 태양전지

태양전지의 주 재료는 규소^{Si}야. 규소는 지구에서 산소 다음으로 풍부한 물질이지. 주로 모래나 수정 속에 들어 있어. 그러니 석유나 석탄처럼 고갈될 염려도 없지. 규소 말고 다른 원소나 유기화합물로 태양전지를 만들기도 하지만 그 양은 아주 적어. 규소 원자는 전자를 모두 14개 가지고 있는데, 이 중에서 가장 바깥 껍질에 전자 4개가 있어. 이 4개의 전자들은 규소 원자들이 모여서 규소 결정 덩어리를 만들 때 원자들을 서로 연결해 주는 일을 해.

규소 결정은 규소 원자 하나가 다른 규소 원자 4개에 둘러싸인 모양이야. 이때 한 원자의 바깥 전자 4개는 각각 그 원자를 둘러싼 네 원자의 바깥 전자와 연결되어 전자쌍을 만들어. 그러니 규소 결정 속에 있는 모든 규소 원자는 4개의 전자쌍을 갖고 있지. 이 전자쌍들은 규소 원자를 서로 단단하게 연결해 주기 때문에 움직이지 않아. 그러니 순수한 규소는 전기를 통과시키지 않지. 반면에 구리 같은 금속은 전기를 잘 통과시키는데, 이런 금속에는 원자 사이를 자유롭게 돌아다닐 수 있는 전자가 많아. 이 전자들은 전기에너지가 주어지면 한쪽 방향으로 질서있게 움직여. 그래서 구리에서 전기가 잘 통하는 거야.

태양전지는 형태가 조금 다른 반도체 2개를 붙여 놓은 거야. 둘 중 윗부분에 있는 것은 얇은 규소 판 속에 인^{P}과 같이 바깥 전자가 5개인 원자를 조금 집어넣어서 전자가 순수한 규소 판보다 조금 많아지게 만들고, 아랫부분에 있는 것은 붕소^B 같이 바깥 전자가 3개인 원자를 집어넣어서 전자가 조금 모자라게 만들었어. 이렇게 인이나 붕소 원자를 집어넣는 것을 도핑이라고 불러.

인 원자를 규소 판 속에 집어넣으면 인의 바깥 전자가 규소의 바깥 전자와 연결되어서 공유결합을 만들어. 그런데 규소의 바깥 전자가 4개니까 인 원자의 바깥 전자 5개 중에서 1개는 남게 되겠지. 이 남는 전자는 결합되어 있지 않고, 따라서 매여 있지 않기 때문에 움직일 수 있어. 이런 형태의 반도체를 전자가 많다는 의미를 담아 'n형 반도체'라고 해. 여기서 n은

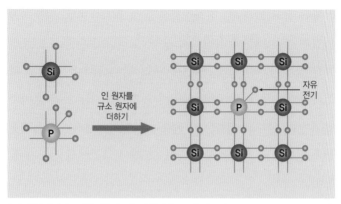

3-2 인(P) 원자가 도핑된 n형 반도체. 인 원자가 규소 원자의 자리에 들어가서 4개의 공유결합을 만들고, 남은 하나의 전자는 자유롭게 움직인다.

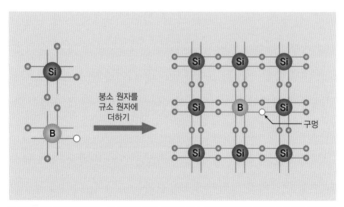

3-3 붕소(B) 원자가 도핑된 p형 반도체. 붕소 원자가 규소 원자의 자리에 들어가서 3개의 공유결합을 형성한다. 전자가 없는 나머지 하나의 자리는 구멍이 되어 움직인다.

negative를 가리키지.

　반대로 바깥 전자가 3개밖에 안 되는 붕소 원자가 규소 원자들 속으로 들어가면 규소 원자의 바깥 전자와 연결되지 못한 구멍이 하나 생기겠지? 학자들은 이 구멍을 정공正孔, hole이라고 부르는데, 뜻을 단번에 이해하기 어려울 거야. 정공이라는 단어를 일본에서도 똑같이 사용하는 걸로 보아, 아마 일본에서 온 말인 것 같아. 여기서는 그냥 쉽게 구멍이라는 말을 사용하려고 해.

　그런데 이 구멍에는 다른 데에 있던 전자가 들어갈 수 있으니 구멍이 이동하는 일이 발생해. 실제로 구멍이 움직이는 것은 아니야. 어떤 전자가 이동해서 구멍을 채우면, 그 전자가 있던 곳에 새로 구멍이 생기니까 구멍이 이동하는 것처럼 보이는 거지. 이런 형태의 반도체는 전자가 적다는 뜻의 p형 반도체라고 불러. p는 positive를 줄인 거야.

　전자가 조금 남는 n형 반도체와 반대로 부족한 p형 반도체 둘을 붙여 놓으면 어떤 일이 생길까? 둘이 붙는 부분을 pn접합이라고 부르는데, 이 부분에서는 전자가 조금 넘치는 n형에서 부족한 p형으로 전자가 이동하려고 해. 그 결과로 P형의 구멍이 전자로 채워지고, 접합부에는 움직일 수 있는 전자나 구멍은 존재하지 않는 구역이 생기지. 이 구역을 결핍 영

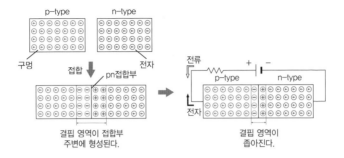

3-4 n형 반도체와 p형 반도체를 붙여서 만든 반도체. 전자가 넘치는 n형 반도체의 전자 일부가 p형 반도체로 넘어가 구멍을 채워 준다. 이로 인해 반도체들의 접합 부분에서 n형 반도체 쪽은 +전기, p형 반도체 쪽은 -전기를 띠게 되어 전기장이 형성된다. 이 상태에서 두 반도체를 연결하여 전기를 흘리면 전자가 n형 반도체를 거쳐 p형 반도체를 통과하며 이동한다.

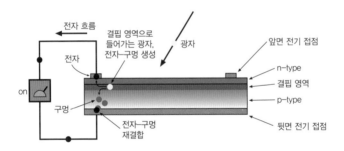

3-5 태양 전지의 원리. 광자가 n형 반도체를 통과하여 결핍 영역으로 들어와 구멍을 채우고 있는 전자와 충돌하면, 이 전자가 구멍에서 튕겨 나와 다시 이동 가능한 전자가 되고 구멍이 생겨난다. 이때 n형 반도체와 p형 반도체를 연결하고 부하를 걸면 튕겨 나온 전자가 도선을 따라 흘러가며 전기 에너지를 생산한다.

역^{depletion zone}이라고 부르는데, 빈 곳이 없는 구역이라는 뜻이지. 이렇게 전자의 이동이 일어났으니 반도체에서는 무슨 일이 벌어질까?

n형 반도체와 p형 반도체는 전자가 넘치든 부족하든 상관 없이 모두 전기적으로 중성이야. 중성의 규소 속에 중성의 인과 붕소를 도핑했기 때문이지. 그런데 이제 전자가 n형 반도체에서 p형 반도체로 이동했으니 n형 반도체는 전자가 줄어들었고, p형 반도체는 전자가 늘어났겠지. 따라서 n형 반도체는 +전기를 띠고, 반면에 p형 반도체는 −전기를 띠게 돼. 그리고 결핍 영역은 +전기와 −전기로 대전되어 있는 상태기 때문에 여기서 전기장이 생겨.

이때 햇빛이 비치면 어떤 일이 일어날까? 햇빛은 에너지를 가지고 있고 광자^{photon}라고 불리는 빛 알갱이로 구성되어 있어. 이 광자가 태양전지 속으로 들어가서 그 속의 전자와 충돌하면 에너지가 전자에게 전달되고, 전자는 움직여. 이 현상을 광전 효과$^{photoelectric\ effect}$라고 하는데 아인슈타인이 이 현상을 제대로 설명하는 이론을 내놓았고, 그 공로로 노벨상을 수상했단다.

광자와 충돌한 전자들은 어느 쪽으로 움직이려 할까? 전자는 −전기를 띠고 있으니 당연히 +전기를 지닌 쪽으로 끌려가겠지. +전기를 띤 n형 반도체 쪽으로 이동하는 거야. 그러면 n형 반도체에는 전자가 많아지고 p형 반도체에는 전자 구

3-6 우주정거장에 설치된 태양전지(출처: 위키미디어 커먼즈)

멍이 많아지겠지? 이때 전자가 많은 n형과 전자가 적은 p형
을 도선으로 연결하면 전자가 많은 n형 쪽으로 이동한 전자
들은 다시 금속선을 통해 전자가 적은 p형 쪽으로 옮겨가서
구멍을 채워. 그 결과 전자의 흐름, 즉 전기가 생산되는 거야.
이 과정은 햇빛이 비치는 동안은 지속되겠지. 광자는 계속 결
핍 영역에서 전자와 구멍을 분리시키고, 전자는 전선을 따라
흘러가면서 전기에너지를 만들어 낼 테니까.

조금 복잡하게 설명했지만, 간단히 말해서 햇빛이 태양전

지에 비치면 전자가 구멍에서 튕겨 나와 전자가 넘치는 쪽을 거쳐 모자라는 쪽으로 흘러가는 과정에서 전기가 생산된다는 거야. 잠깐, 태양전지가 대체 어떻게 생겼냐고? 태양전지는 정사각형이고 한 개의 크기는 보통 가로 16센티미터 × 세로 16센티미터 정도야. 아주 크게는 21센티미터 × 21센티미터짜리도 있어. 전기에너지 생산 능력은 크기가 클수록 증가하겠지. 16센티미터짜리는 전기 생산 능력이 5와트 정도고, 21센티미터짜리는 10와트 정도야.

태양전지는 1954년에 처음 개발되었고, 1958년에 미국이 쏜 인공위성에 처음으로 설치되었어. 그때는 개발 초기라서 태양전지가 아주 비쌌지. 그런데도 인공위성에 사용되었던 이유는 햇빛만 받으면 에너지를 생산하는 태양전지가 여러 모로 에너지 공급원으로 가장 적합했기 때문이야. 우주에서 햇빛은 지구 반대편만 아니면 어디서나 항상 받을 수 있는 에너지니까, 태양전지를 설치하면 에너지 걱정을 안해도 되잖아.

지금도 인공위성이나 우주선에는 태양전지가 들어가는데, 가벼우면서 성능이 가장 좋은 것을 사용해.

태양전지, 어디까지 왔을까?

우리가 주위에서 흔히 볼 수 있는 태양광 발전 시설에는 태양전지를 여러 개 연결한 태양전지판(모듈)이 설치되어 있어. 태양전지판은 앞에서 이야기한 5와트나 10와트짜리를 60장 또는 72장을 연결해서 만드는데, 72장을 연결하면 360와트나 720와트짜리를 만들 수 있는 거야. 태양광 발전소에서는 이런 전지판을 다시 여러 장 연결해서 전기를 생산해. 우리나라에서는 주택 지붕에 보통 3킬로와트를 설치하니까, 360와트짜리는 8장, 720짜리는 4장만 연결하면 되겠지.

태양전지가 햇빛을 받아서 만들어 내는 전기는 직류야. 전지판에서도 당연히 직류 전기가 생산되겠지? 그런데 우리가 사용하는 전기는 거의 모두 교류 전기야. 가전제품도 모두 교류 전기에 맞춰져 있고, 송전선과 전봇대의 전선을 통해서 가정으로 들어오는 전기도 모두 교류 전기야. 그렇다면 태양광 발전 시설에서 생산한 직류 전기는 교류 전기로 바꿔야만 송전선을 통해 가정에 보내서 가전제품에 사용될 수 있겠지? 그래서 태양광 발전 시설에는 반드시 직류 전기를 교류 전기로 바꾸는 장치가 설치되어 있어.

이 장치를 '인버터'(변환기)라고 해. 태양 전기 생산에서 인버

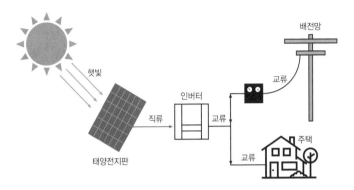

3-7 태양광발전 시설. 태양전지에서 생산된 직류 전기가 인버터를 거쳐 교류 전기로 바뀌어 송전선이나 주변 건물로 전달된다.

터는 태양전지 못지않게 중요한 역할을 하지. 직류를 교류로 변환할 때 에너지 손실이 발생하거든. 효율이 약 80퍼센트 밖에 안 된다면 태양전지판에서 생산된 전기의 20퍼센트는 그냥 없어져 버려. 너무 아깝지? 하지만 인버터의 효율이 98퍼센트라면 태양전지판에서 생산된 전기가 거의 모두 송전선으로 흘러 들어가는 셈이야. 지난 10여 년간 기술이 지속적으로 발달해서 지금은 효율이 아주 높은 99퍼센트짜리 인버터도 있단다.

태양전지의 가격은 1954년에 개발된 이후로 아주 조금씩 떨어졌어. 1970년경에야 1와트에 20미국달러까지 떨어졌지.

인플레이션을 고려하지 않으면 지금 원화로 2만 2,000원 정도야. 그 후 지속적으로 떨어져서 1990년에는 1와트에 약 10달러, 2010년에는 2달러, 2020년에는 20센트 아래로 떨어져. 아주 빠른 속도로, 전문적인 말을 사용하면 지수함수적으로 떨어져서 50년 동안 500분의 1 가격이 된 거야. 지수함수적으로 떨어지거나 올라간다는 것은 시간이 갈수록 점점 더 빠르게 떨어지거나 올라간다는 뜻이야. 기술 발달에서는 이러한 현상이 종종 나타나.

반도체 칩의 성능이 향상되는 속도가 그 좋은 예지. 혹시 '무어의 법칙'이라고 들어 봤니? 반도체 칩의 성능은 2년마다 2배씩 증가한다는 법칙이야. 다시 말해 어떤 기준 연도의 성능을 1이라고 하면 2년 후 성능은 2배, 4년 후에는 4배, 6년 후에는 8배, 8년 후에는 16배가 된다는 거지. 이것을 수식으로 나타내면 성능을 y, 연수를 x라고 할 때, $y=2^{x/2}$라고 쓸 수 있어. 이런 형태의 식을 지수함수라고 부르기 때문에 시간이 갈수록 더 빠르게 증가하는 것을 지수함수적 증가라고 하는 거란다.

태양전지의 가격이 이렇게 빠르게 떨어진 이유는 대량 생산이 이루어졌기 때문이야. 2000년경까지 태양전지를 가장 많이 생산한 나라는 일본과 독일이었어. 그런데 2000년대 들어 중국이 크게 투자를 하고 대량 생산을 하면서 가격이 빠르게 감소했거든. 지금은 전 세계 태양전지의 70퍼센트 가량을 중국에서 생산하고 있어. 태양전지 가격과 함께 인버터의 가격도 빠르게 떨어졌지. 태양광 발전소에서 가장 중요한 부품이 태양전지와 인버터인데, 이렇게 가격이 크게 떨어진 덕분에 태양광 발전이 아주 빠르게 퍼졌단다.

특히 일조량이 좋은 인도, 중국의 사막 지역, 중동, 북아프리카, 미국의 캘리포니아 등지에는 엄청 큰 태양광 발전소가 들어서고 있어. 그 중에서 큰 규모의 발전소들은 해가 쨍쨍 비칠 때면 대규모 원자력 발전소 한 곳에서 생산하는 전기보다 더 많은 전기를 생산하기도 해. 인도의 서북부 사막 지역에는 세계에서 가장 큰 바들라 태양광 발전소가 있는데 발전 능력이 2,245메가와트에, 발전소가 차지한 면적은 57제곱킬로미터나 된단다. 우리나라 영광에 있는 원자력발전소 1기의 발전 능력이 1,000메가와트니까 그 두 배도 넘는 큰 발전소야.

그러면 전기 생산 가격은 어떠냐고? 우리나라에서는 원자력 발전이 가장 값싸게 전기를 생산하는 발전 방식이라고들 하지? 그리고 대부분의 사람들이 태양광 발전이 아직은 비싸다고 하고. 실제로도 숫자만 보면 그런 것 같아 보여. 우리나

3-8 우리나라 전력 거래소 전력 구매 단가. 원자력과 석탄은 올라가고 풍력과 태양광은 떨어지는 것을 알 수 있다(출처: 한국전력거래소).

기간	지역	원자력	유연탄	무연탄	유류	LNG	양수	신재생						
								연료전지	석탄가스화	태양	풍력	수력	해양	바이오
2021	합계	67.9	90.8	88.0	190.1	103.2	114.5	78.8	76.4	81.0	80.8	91.4	78.5	116.3
2020	합계	59.6	79.6	80.3	200.0	98.5	112.8	66.1	68.2	70.3	72.9	79.3	67.2	113.4
2019	합계	58.3	86.0	101.5	231.2	118.7	121.3	89.0	81.7	93.8	103.5	103.9	88.7	119.8
2018	합계	62.1	81.8	104.6	179.4	121.0	125.4	94.4	94.9	97.9	105.8	106.7	93.4	94.3
2017	합계	60.7	78.5	95.4	165.4	111.6	107.6	80.3	80.1	84.2	91.2	93.7	79.7	80.3
2016	합계	67.9	73.9	88.7	109.1	99.4	106.2	76.5	76.1	76.8	82.8	84.2	75.7	76.3
2015	합계	62.7	71.0	107.7	150.3	126.3	132.7	116.3	97.9	169.2	109.4	113.3	99.0	103.3
2014	합계	54.7	65.1	91.1	221.2	160.9	171.6	157.8		220.8	153.2	155.8	138.4	160.3
2013	합계	39.0	58.8	91.6	221.7	160.8	204.2	156.1		171.9	162.7	167.6	147.3	153.4
2012	합계	39.5	66.2	103.8	253.0	168.1	213.9	157.1		170.6	174.6	177.7	154.6	157.5
2011	합계	39.1	67.1	98.6	225.8	142.4	168.8	124.5		130.7	143.1	135.1	134.0	124.4
2010	합계	39.6	60.8	110.0	184.6	128.1	202.6	114.2		124.9	124.3	133.5	117.6	115.1
2009	합계	35.6	60.2	109.1	147.2	129.5	149.7	196.8		103.7	107.8	109.3	120.4	104.0
2008	합계	39.0	51.2	117.5	194.4	143.7	196.8	146.9		136.9	126.7	134.3	0.0	121.3

라는 발전소에서 전기를 생산하면 전력 거래소에서 전기를 사들이는데, 원자력 전기는 1킬로와트시에 65원 정도, 태양 전기는 85원 가량에 구매하니까 태양광 발전이 훨씬 비싸다 는 주장이 나오는 거야.

하지만 이 주장은 일조량이 아주 좋은 인도나 아랍, 중국이나 미국의 사막 지역 태양광 발전소에 대입해도 맞는 말은 아니야. 그곳에서는 원자력발전소보다도 더 낮은 가격으로 생산하니까 말이야. 그리고 아마 곧 우리나라처럼 일조량이 중간 정도인 나라는 물론이고 일조량이 좋지 않은 유럽의 독일이나 네덜란드에서도 태양 전기가 더 싸질 거야. 태양전지 가격이 계속 떨어지고 있으니까.

반면에 화석연료 전기와 원자력 전기의 가격은 올라갈 가능성이 높아. 화석연료의 경우에는 연소할 때 배출한 이산화탄소의 양에 따라 매겨지는 탄소배출 부과금이 계속 높아지니까 말이야.

태양 전기는 효율적일까?

국제재생가능에너지기구[IRENA]라는 곳이 있어. 이 기구는 한국, 미국, 유럽 국가들을 비롯한 160개 국가가 가입해서 운영하고 있는 믿을 만한 국제기구야.

여기서는 태양 전기 생산 가격을 조사하고 예측하는 연구도 하는데, 2015년에 아주 놀랄 만한 연구 결과를 내놓았어. 2025년경에는 큰 태양광 발전소에서 1킬로와트시의 전기를 평균 60원 정도에 생산하게 된다는 거야. 얼마 지나지 않으면 태양 전기 가격이 우리나라 원자력 전기 가격과 맞먹게 된다는 거지.

이렇게 가격이 빠르게 떨어질 거라고는 불과 10여 년 전만 해도 아무도 생각하지 못했어. 2010년경에는 태양 전기 생산 가격이 미국에서는 250원, 일본에서는 500원 가량이었거든. 그게 15년 만에 10분의 1에서 5분의 1로 떨어진다는 거야. 실제로 2018년에는 태양 전기 가격이 미국에서 80원, 일본에서 170원 정도로 떨어져. 8년 사이에 3분의 1 가격이 된 거

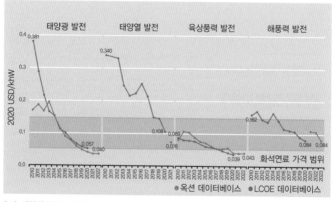

3-9 태양광 발전, 태양열 발전, 풍력 발전, 화석 연료의 국제 전기 생산 가격 변화. 태양광 발전은 2020년 기준 가치로 환산했을 때, 2010년에 1킬로와트시 생산 비용이 0.381달러에서 2020년에 0.057달러로 떨어졌다(자료 출처: IRENA).

지. 세계 평균으로 보면 2010년에 400원이던 가격이 2018년에는 100원 정도로 떨어졌어. 이렇게 가격이 점점 낮아지고 온실가스가 나오지 않기 때문에, 전 세계 나라들은 빠른 속도로 태양광 발전소를 건설하고 있지. 우리나라에서도 전국 곳곳에서 태양광 발전소를 볼 수 있어.

지금 태양광 발전을 가장 빠르게, 또 많이 하는 나라는 중국이야. 중국에는 세계 태양광 발전소의 3분의 1이 세워져 있고, 해마다 아주 큰 폭으로 늘어나고 있어. 중국은 산업이 발전하면서 전기 사용량이 빠르게 늘어났어. 이 수요를 만족시키려면 여러 종류의 발전소를 많이 세워야 하는데, 중국 정부는 태양광 발전소나 풍력 발전소도 많이 건설해야만 전기 소비를 충족시킬 수 있다고 생각하는 거야. 중국의 내몽골 근처 사막에는 큰 가스 발전소와 맞먹는 양의 전기를 생산하는 태양광 발전소도 있어. 땅이 넓은 중국에는 이런 발전소들이 여기저기 계속 건설될 거야.

크게 늘어나고 있긴 하지만, 아직도 전 세계 전기 생산에서 태양 전기가 차지하는 비중은 높지 않아. 2019년에 약 2.7퍼센트 정도를 공급했어. 하지만 2004년에 0.1퍼센트였던 것에 견주면 아주 크게 늘어난 거야. 15년 동안 27배나 늘어났으니까. 이런 속도로 늘어나면 2050년에는 태양광 전기와 태양열 전기가 25퍼센트를 공급하게 될 거라고 해. 이 말인즉, 조만간 우리가 쓰는 전기의 4분의 1이 태양 전기로 조달된다는 거지.

그런데 태양열 전기는 뭘까? 태양 에너지를 이용해서 전기를 생산하는 방법은 여러 가지가 있어. 가장 흔한 것은 태양전지를 이용하는 거야. 우리나라 건물 지붕이나 아파트 베란다에서 볼 수 있는 방식이지. 작은 크기의 태양전지판만 햇빛이 잘 비치는 곳에 놓으면 되니까 좁은 지붕이나 땅, 건물 벽에도 쉽게 설치할 수 있어. 최근에는 농토에 설치하는 영농형 태양광 발전소도 늘어나고 있지. 그러면 농사를 못 짓지 않냐고? 그렇지 않아. 태양전지판을 조금 높게 설치하고 그 아래

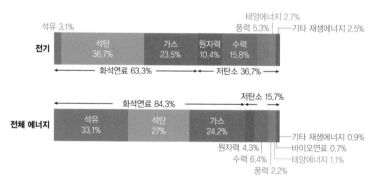

3-10 2019년 전 세계 에너지원별 전기 생산량 비중(위), 에너지원별 최종 에너지 생산량 비중(아래)
(출처: ourworldindata.org)

3-11 영농형 태양광 발전소. 태양광 아래에 감자를 심었을 때 태양광이 없는 경우보다 수확량이 3 퍼센트 더 늘었다고 한다(출처: Baywar.e.).

에 직사광선을 많이 받지 않아도 잘 자라는 작물을 심으면 태양광이 없을 때보다 수확량이 더 많다고 해. 그리고 유리 온실의 북쪽 지붕 면에 설치하는 것도 가능하다고 하니 농사에는 문제가 없지.

이렇게 태양광 발전기는 작은 규모로 다양하게 설치할 수 있지만, 태양열 발전은 햇빛이 잘 비치는 곳에 큰 규모로 해야 해. 아주 넓은 땅이 필요하지. 그 때문에 태양열 발전은 미국이나 중국, 또는 중동 지역처럼 사막이 있는 곳에서만 하고 있어.

태양열 발전은 거울을 이용해서 햇빛을 모아 강력한 열을 얻은 다음, 이 열로 뜨거운 수증기를 만들어서 전기 터빈을 돌리는 방식이란다. 여기서 햇빛을 모으는 방법은 여러 가지야. 평평한 거울을 아주 많이 설치해서 전체를 오목거울 형태로 만든 다음, 반사된 햇빛을 높은 탑 꼭대기로 집중시켜서 열을 얻기도 하고(해를 따라 돌면서 에너지를 생산한다), 파라볼형(구유형) 거울로 햇빛을 집중시키기도 해. 그리고 커다란 일체형 오목거울에 햇빛을 반사시켜 높은 열을 생산한 다음, 이 열로 전기를 생산할 수도 있어.

그런데 가격은 아직 좀 높은 편이야. 국제재생가능에너지기구에 따르면 2018년에 1킬로와트시를 생산하는 데 200원 가량 들었대. 태양광 발전보다 두 배 가량 비싸게 생산하는 건데, 그래도 2010년과 비교하면 절반 이하로 줄어든 거야. 그리고 2025년에는 100원 정도로 떨어진다고 해. 태양광 발전에 비해 비싸긴 하지만 그래도 크게 낮아지는 거지. 이런 추세라면 2030년경에는 화력이나 원자력과도 경쟁할 수 있을 거야.

4장

에너지를

저장하려면

태양 전기는 어떻게 저장할까?

여기서 한 가지 의문이 생겨. 태양광 발전이나 태양열 발전 모두 태양에너지를 이용하는 건데, 왜 군이 비싼 태양열 발전까지 하는 걸까?

중요한 이유는 저장하기 어렵고 사용량이 하루에도 심하게 변하는 전기의 특성에 있어. 전기를 배터리에 저장할 수는 있지만 배터리가 비싸기 때문에 많은 양을 저장할 수는 없지.

그리고 사람들은 필요할 때마다 손쉽게 전기를 쓰고 싶어 해. 그러니 전기 공급자는 전기 소비량이 적든 많든 상관없이 늘 공급할 준비를 해야 하지. 이에 가장 적절한 발전 방식은 화력발전 또는 원자력발전이야. 연료를 잔뜩 저장했다가 필요할 때 바로 사용해서 전기를 만들 수 있으니까.

하지만 앞에서도 이야기했듯 이 방식들은 기후 변화를 일으키고 핵폐기물을 만들어 내. 언젠가는 고갈되기도 하지. 그래서 우리가 미래의 에너지로 태양에너지를 선택하게 된 건데, 문제는 아무 때나 쓸 수 없다는 점이야. 특히 태양광 전기는 해가 비칠 때만 만들 수 있어. 비가 오는 날이나 밤에는 전기를 만들지 못하는 거야.

그런데 태양열 발전소 중에서 타워형이나 파라볼형은 먼저 뜨거운 열로 소금 같은 것을 녹여서 저장했다가 필요할 때 수

4-1 태양열 발전의 종류와 특징

	구유형	타워형	접시형	프레넬형
집열방식				
용량(MW)	10~200	10~200	0.1~1	10~200
효율(%)	10~25	10~25	16~29	9~17
온도(℃)	350~415	250~565	750~800	270~500
투자비용(유로/KW)	3,000~6,500	4,000~6,000	4,000~10,000	2,500~5,500
개발상황	상업화	상업화 진행	프로토타입 테스트	프로토타입
장점	시스템 안정성 높은 효율	높은 온도 높은 효율	아주 높은 효율 모듈 방식	낮은 재료비용 효율 향상이 기대
단점	효율 향상이 어려움.	상업화 입증 안됨. 높은 운영비용	신뢰성 입증 안됨. 축열 불가능	낮은 효율

증기를 만들어 발전기를 돌릴 수 있어. 밤에도 전기를 생산할
수 있는 거지. 물론 돈은 더 들지만. 그래서 태양열 발전소도
연구와 건설을 계속하는 거야.

　방금 이야기했듯이 태양광 발전소를 아무리 늘려도 전기를
저장할 수 없으면, 해가 비칠 때는 전기가 남아돌다가 밤이나
비가 올 때는 전기가 모자라는 일이 생겨. 저장 장치가 뒷받
침해 주지 않으면 완전한 발전소가 될 수 없는 거지. 그래서
원자력발전을 지지하고 태양광 발전을 비판하는 사람들은 태

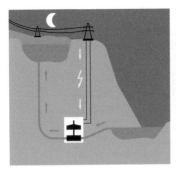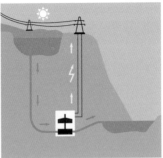

4-2 양수 발전소의 원리. 전기가 남아돌 때에는 이 전기로 물을 위쪽으로 퍼 올리고(왼쪽), 전기가 필요할 때에는 위쪽의 물을 아래쪽으로 내려 보내(오른쪽) 전기를 생산한다.

양광 발전에 의존할수록 그만큼 예비 발전소가 늘어나게 될 거라고 주장해. 밤에는 태양광 발전소에서 전기가 생산되지 않으니까 그걸 대치할 발전소가 필요하기 때문이라는 거지.

이 주장은 저장 장치가 없다는 것을 가정하고 있는데, 저장 장치가 제대로 갖춰지면 이 문제는 해결될 수 있어. 그러면 저장 장치에는 무엇이 있을까?

혹시 양수 발전소라고 들어 봤니? 이 발전소는 산의 꼭대기 와 아래에 각각 댐을 만들어 물을 채우고 위쪽 댐에 수력 발전 기를 설치해 놓은 구조로 되어 있어. 전기가 필요할 때는 위쪽 댐의 물을 아래로 흘려보내서 전기를 만들고, 전기가 남을 때 는 아래 댐의 물을 위로 퍼 올려서 저장해 놓을 수 있어. 양수 발전소를 이용하면 햇빛이 많이 비칠 때 생산한 전기로 높은 쪽 댐에 물을 퍼 올려 놓는 방식으로 전기를 저장하는 거지.

사실 우리가 주위에서 흔하게 접하는 저장 장치는 배터리야. 배터리도 종류가 아주 많아. 건전지, 수은전지, 리튬 이온 전지, 납축전지, 연료전지 등이 있는데 1차 전지와 2차 전지로 나뉘지. 1차 전지는 한번 사용하면 재충전이 안 돼서 버려야 하고, 2차 전지는 다시 충전해서 쓸 수 있어. 수은전지와 건전지는 1차 전지고, 납축전지와 휴대전화나 노트북에서 사용하는 리튬 이온 전지는 2차 전지야. 2차 전지는 태양 전기 저장 장치로도 쓸 수 있어.

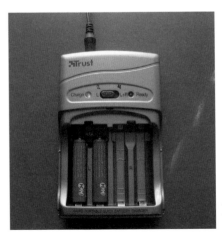

4-3 2차 전지는 배터리 충전기에 충전해서 다시 쓸 수 있다(출처: 위키피디아).

그런데 배터리 저장 장치는 여러 가지 문제점을 가지고 있어. 첫째는 무게는 많이 나가는데 전기는 많이 저장되지 않는다는 것이고, 둘째는 값이 비싸다는 거야. 예를 들어 석유는 1킬로그램만 있으면 전기 약 3킬로와트시를 생산할 수 있어. 반면에 성능이 좋다는 리튬 이온 전지 1킬로그램으로 저장할 수 있는 전기는 0.2킬로와트시정도 밖에 안돼. 전기 3킬로와트시를 저장하려면 리튬 이온 전지 15킬로그램, 석유의 15배가 필요한 거지. 더 많은 전기를 저장하려면 훨씬 더 많은 양의 리튬 이온 전지를 준비해야 하는 거야. 물론 비용도 많이 들겠지.

사실 우리가 스마트폰이나 노트북, 전기 자동차에서 쓰는 배터리는 무겁고 비싸. 전기 자동차에서 배터리가 차지하는 무게는 20퍼센트 가량 되고, 비용 역시 작은 전기차의 경우 20퍼센트 이상을 차지해. 그러니 태양 전기를 배터리를 이용해서 저장하는 건 비용이 아주 많이 드는 일이야. 그렇다고 해서 저장을 포기하면 원자력발전이나 화력발전에 계속 의지해야하니 쉽지 않은 과제에 부닥친 셈이지.

배터리의
미래

그래도 배터리 저장의 미래는 밝은 편이야. 과학자들이 지금 이 문제를 풀기 위해 아주 열심히 연구하고 있고 그만큼 많은 성과가 나오고 있으니까. 먼저 알아 두어야 할 것은, 태양전지 가격이 떨어진 수준만큼 리튬 이온 전지 가격도 크게 낮아지고 있다는 거야.

2010년에 전기 1킬로와트시를 저장할 수 있는 전기 자동차용 리튬 이온 전지의 생산 비용은 약 1,200달러였어. 2019년에는 160달러까지 떨어져. 전문가들은 2023년에 100달러까지 낮아질 것으로 예측하고 있어. 13년만에 12분의 1로 떨어지는 거지.

1킬로와트시당 100달러가 되면 전기 자동차는 보조금을 받지 않고도 휘발유나 경유로 달리는 내연기관 자동차와 가격 경쟁을 할 수준이 된다고 해. 그 후에도 가격은 계속 떨어져서 2030년에는 60달러 정도가 될 거라고 하니, 그때는 전기 자동차가 내연기관 자동차보다 가격 면에서도 훨씬 유리해지겠지?

마찬가지로 2030년에는 태양 전기를 저장하는 배터리의 가격도 그만큼 크게 떨어질 거야. 2030년 이후에는 저장 장치 비용이 더 떨어지고, 석탄 발전으로 인한 기후 변화와 원자력

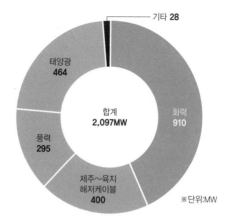

기타 **28**

태양광
464

합계
2,097MW

화력
910

풍력
295

제주~육지
해저케이블
400

※단위:MW

4-4 제주도의 발전소 설비 용량. 화력이 40퍼센트 이상을 차지하고 있다.

발전의 핵폐기물 처리 비용이 제대로 고려되면 태양 전기+저장 장치의 비용이 충분한 경쟁력을 갖게 되겠지.

저장 장치로 쓰이는 배터리는 비싸긴 하지만 현재 아주 작은 것부터 아주 큰 것까지 골고루 생산되어 널리 사용되고 있어. 우리나라에서는 보기 어려워도 미국이나 유럽에는 전기 10킬로와트시를 저장할 수 있는 주택용 저장 장치와, 대형 태양광 발전소용으로 수십 메가와트시를 저장할 수 있는 아주 큰 저장 장치도 있지.

우리나라 제주도에는 풍력발전기와 태양광 발전기가 많이

4-5 테슬라에서 개발한 가정용 태양 전기 저장 장치. 13.5킬로와트시를 저장할 수 있다 (출처: tesla.com).

설치되어 있어. 그런데 가끔 제주도의 풍력발전기가 멈춰 있다는 비판적인 뉴스가 나올 때가 있어. 바람이 강하게 불어서 전기를 너무 많이 생산하는 바람에 멈췄다는 거야. 얼마나 많이 생산하기에 풍력발전기 날개가 멈춰서는 걸까?

2020년, 제주도에서 풍력과 태양광으로 생산한 전기는 제주도에 필요한 전기의 16퍼센트 정도야. 생각보다 적은 비율이지? 제주도에 가면 곳곳에서 풍력발전기를 많이 볼 수 있는데도 말이야. 그런데 바람이 세게 불어서 생산량이 더 많아지면 전기 공급 시스템이 불안정해져서 정전이 발생할 가능

4-6 하와이의 카우아이섬에 설치된 대용량 태양 전지 저장 장치. 13메가와트의 태양광 발전소에서 생산된 전기를 저장 용량 52메가와트시의 저장 장치에 저장한다. 인구 7만 3,000명이 사는 이 섬에서는 2020년에 40퍼센트 이상의 전기를 태양광 발전으로, 67퍼센트 가량의 전기를 태양광, 풍력, 바이오 에너지로 생산했고, 하루에 6~8시간은 전기 소비의 100퍼센트를 재생 가능 전기로 공급했다(출처: tesla.com).

성이 있대. 그래서 풍력발전기 가동을 중단해야 한다는 건데, 이건 전기를 버리는 거나 마찬가지야. 전기를 많이 만들 수 있는데도 만들지 않는 것이니까. 이 문제는 전기 저장 시설만 충분히 갖추면 해결할 수 있어.

세계에는 제주도처럼 외부에서 전기 공급을 받는 것이 어려운 섬이 많아. 이 섬들 중에서 재생 가능 에너지만으로 전기 자립 달성을 향해 나아가는 곳도 있어. 미국 하와이주 카우아이섬의 경우, 2020년에 필요한 전기의 43퍼센트 정도를 태양에너지로 생산했어. 수력과 바이오를 합하면 전체 전기의 67퍼센트가 재생 가능 에너지에서 나온 거야. 나머지 전기는 디젤발전소에서 생산해. 2010년에는 재생 가능 에너지 비중이 8퍼센트였는데, 10년만에 8배 이상 크게 증가한 거지. 그렇다고 전기 가격이 올라간 것도 아니야. 오히려 2010년에 비해 조금 떨어졌어. 이렇게 태양전지의 비중이 높은데도 카우아이섬에서는 제주도와 달리 발전기가 멈추는 일이 거의 없어. 이유는 태양광 발전소에서 생산하는 전기를 대용량 배터리에 저장할 수 있고, 또 햇빛이 강한 날에 태양 전기로 필요한 전기를 100퍼센트 공급할 수 있게 되면 디젤발전소를 멈춰 세우기 때문이야.

제주도에서는 화력발전소가 전체 전기의 80퍼센트 이상을 공급하고 있어. 카우아이섬보다 훨씬 많은 전기를 공급하는 거지. 그런데도 카우아이섬과 반대로 풍력발전기에서 전기가 많이 생산될 때 발전기를 멈추는 이유는 화력발전소를 계속 가동하기 때문이야. 저장 장치를 크게 늘리고 화력발전소의 발전량을 줄이면 될 텐데, 아직 준비가 안 된 거지. 카우아이섬에서만 재생 가능 에너지로 생산하고 남은 전기를 배터리에 저장하는 건 아니야. 유럽의 덴마크나 독일에 가면 같은

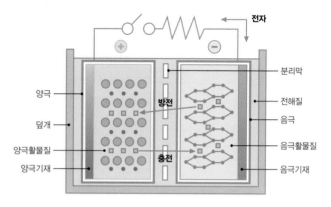

전자

양극

덮개

양극활물질

양극기재

방전

충전

분리막

전해질

음극

음극활물질

음극기재

4-7 리튬 이온 배터리. 음극, 양극, 전해액, 분리막으로 구성되어 있다.

방식을 사용하는 섬이나 마을이 곳곳에 있단다.

카우아이섬에서는 태양광 발전소에 아주 큰 배터리 저장 장치를 붙여서 건설하다 보니 전기 생산 가격이 올라가긴 해. 카우아이섬 전력 회사에서는 그래도 전기가 넘쳐나서 버리는 것보다 더 유리하다고 보고 있어. 그건 전기 가격이 오르지 않았다는 사실이 말해 주고 있지. 앞으로 배터리의 가격이 더 떨어지면 전기 가격도 떨어지겠지?

그런데 저장 장치의 가격만 떨어지는 게 아니야. 무게 대비 저장할 수 있는 전기의 양도 계속 늘어나고 있어. 단위 질량당 훨씬 더 많은 전기를 저장할 수 있는 배터리도 개발되고 있지. 지금 우리가 사용하는 리튬 이온 전지에는 양극과 음극 사이에서 이온을 나르는 액체가 들어 있어.

'전해액'이라고 하는데, 새로 개발될 배터리에는 전해액이 없어. 그러니 무게가 가벼워지고 단위 질량당 전기 저장 능력, 즉 에너지 밀도가 크게 높아지겠지. 이걸 '전고체 배터리'라고 하는데, 리튬 이온 전지보다 에너지 밀도가 2.5배나 높다고 해. 다시 말하면 무게가 똑같아도 2.5배 더 많은 전기를 저장할 수 있다는 거야.

그것만이 아니야. 리튬 이온 전지에서는 열이 많이 발생해. 가끔 화재와 폭발이 일어나기 때문에 조심스럽게 만들고 다루어야 하지. 전기 자동차에서 종종 일어나는 화재 사고나, 비행기에서 폭발 위험 때문에 화물칸에 실어 주지 않는 이유도 바로 이 때문이야. 반면에 전고체 배터리에서는 열이 많이 발생하지 않아. 폭발이나 화재 위험이 크게 줄어드는 거지. 게다가 충전 속도도 아주 빨라서 수십 분 걸리던 걸 수 분 안에 할 수 있다고 해.

이런 저장 장치가 개발되고 리튬 전지의 가격이 크게 떨어지면 길거리의 자동차는 거의 모두 전기 자동차로 바뀔 것이고, 태양 전기나 풍력 전기도 값싸고 성능 좋은 배터리 저장 장치와 결합되어서 언제 어디서든 전기를 공급하게 될 거야.

그때는 제주도에서도 풍력발전기를 멈추는 일이 일어나지 않겠지.

태양전지는 변환 효율이 떨어진다?

태양광 발전의 또 한 가지 문제는 에너지 변환 효율이 낮다는 거야. 앞에서 태양전지는 받아들이는 햇빛의 에너지를 전기로 바꾼다고 했지. 그런데 이 에너지 중에서 전기로 바뀌는 것은 20퍼센트 정도밖에 안 돼. 나머지는 모두 열로 날아가 버리지. 태양에너지가 전기로 변환되는 비율, 즉 효율이 낮은 거야.

그래서 전기를 많이 생산하려면 넓은 면적에 태양전지를 설치해야 해. 그런데 효율이 100퍼센트로 높아진다면, 똑같은 면적에서 5배나 많은 양의 전기를 생산할 수 있겠지? 5분의 1밖에 안 되는 면적과 설치 부품으로 같은 양의 전기를 생산하니까 생산비도 크게 낮아질 테고.

물론 효율을 100퍼센트로 만드는 건 불가능해. 변환 손실이라는 게 반드시 발생하니까. 하지만 40퍼센트 정도로 올리는 건 가능하다고 해. 그래서 과학자들은 효율이 높은 태양전지를 만드는 연구를 열심히 하고 있어. 전지판 아래쪽도 투명하게 만들어서 지면에서 반사되고 산란되는 빛으로 전기를 만드는 양면형 태양 전지판 연구, 태양 광선에서 나오는 여러 범위의 파장을 전기로 바꾸는 여러 종류의 반도체를 통해 모두 전기로 전환하는 다중 접합 태양전지 연구, 볼록렌즈를 통과한 태양광선을 태양전지에 흡수시켜 효율을 높이는 연구, 그리고 규소 말고 다른 원소나 물질을 사용하는 반도체를 이

4-8 집광형 태양광 발전. 중국 서북부 칭하이성 거얼무시에 설치된 것으로, 해를 따라 움직인다 (출처: 위키미디어 커먼즈).

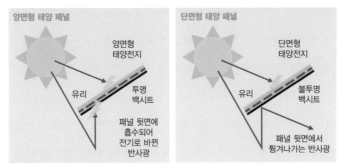

4-9 양면형은 아래쪽 판이 투명하여 간접 광을 통과시켜 더 많은 전기를 생산하는 반면, 아래쪽이 불투명한 단면형은 통과시키지 못한다.

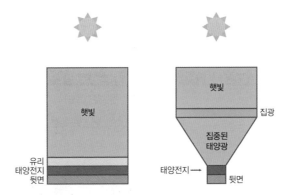

4-10 일반 태양전지(왼쪽)와 집광형 태양전지(오른쪽)의 차이. 집광형을 사용하면 같은 면적의 태양전지로 일반 태양전지보다 더 많은 전기를 생산할 수 있다. 다중 접합 태양전지와 집광형을 결합할 경우 효율은 47퍼센트까지 올라간다.

용해서 효율을 올리는 연구도 하고 있지.

이미 실험실에서는 효율이 40퍼센트가 되는 것들도 개발되고 있어. 아직은 태양전지가 실험실을 벗어나 상용화되진 못하지만, 2030년경에는 효율이 25퍼센트인 태양전지판이 대량 생산되어 값싸게 판매될 거야. 그때가 되면 태양광 발전을 통해 해가 잘 드는 곳은 물론이고 지구 대부분의 지역에서 값싸게 전기를 생산하게 되겠지.

5장

미래는 쇼핑의 수신시대?

또 하나, 전기 저장 장치로 주목 받으며 오래 전부터 연구해 온 대상이 있어. 바로 수소야. 최근에는 '수소 전기차'가 거리를 달리고 있지. 수소 전기차의 연료는 당연히 수소야. 수소를 자동차에 설치된 연료전지로 보내서 만든 전기로 동력을 얻는 거지.

그런데 지금 수소 전기차에서 사용하는 수소는 태양광이나 풍력 같은 재생 가능 에너지로 만든 건 아니야. 정유 공장이나 제철소에서 석유를 가공할 때 그리고 강철을 생산할 때 나오는 부산물인 수소를 사용하거나 메탄가스를 분해해서 사용하고 있어. 이런 수소는 탄소 제로 에너지가 아니야. 모두 화석 연료가 분해되는 과정에서 나온 거니까.

메탄가스를 분해하면 수소와 이산화탄소가 만들어져. 태울 때와 똑같이 온실가스가 나오는 거야. 사람들은 수소를 그린 수소, 블루 수소, 그레이(회색) 수소, 세 가지로 나눠. 이 중에서 그린 수소는 태양광 발전소나 풍력발전소에서 생산한 전기로 물을 전기분해해서 얻은 거야. 이때 온실가스가 나오지 않기 때문에, 순수한 탄소 제로 에너지원이라고 할 수 있지. 블루 수소는 석유나 가스를 이용해서 수소를 만들 때 생기는 이산화탄소를 따로 모아서 깊은 땅속이나 바다에 저장한 경우에 붙이는 이름이야. 그레이라는 말은 이때 생기는 이산화탄소가 대기로 배출될 경우에 붙이게 되고.

지금은 거의 모든 수소가 그레이 수소지만, 연구자들은 풍력발전소와 태양광 발전소가 크게 늘어나면 많은 양의 그린 수소를 생산할 것으로 보고 있어. 수소는 물을 전기분해하면 만들 수 있지. 그렇다면 태양광 발전소나 풍력발전소에서 생산한 전기 중에 쓰고 남는 것으로 물을 전기분해해서 수소를 생산하여 저장했다가, 이 수소로 다시 전기를 만들면 필요할 때 언제든지 전기를 쓸 수 있겠지. 물론 공장에서 수소를 직접 생산 과정에 투입해서 사용할 수도 있지. 수소 전기차 연료로 사용할 수도 있고. 그래서 수소가 에너지를 저장하는 매개체로 주목을 받고 있는 거야.

수소 전기차와 순수 전기차

그런데 수소 전기차에 대해 비판적인 의견도 많아. 사실 에너지를 효율적으로 사용한다는 면에서 전기차와 수소 전기차 중에 어느 쪽이 유리한지 따지면 전기차가 더 유리해. 그래서 전기차를 강하게 옹호하는 사람들은 전기차보다 훨씬 비싼 수소 전기차에 연구비와 보조금을 투입하는 데 불만을 나타내지.

전기차의 경우, 태양 전기가 자동차 배터리로 전달될 때까지의 손실, 배터리에 충전될 때의 손실, 배터리에서 나온 전기가 모터를 돌릴 때의 손실을 모두 합해도 15퍼센트가 안돼. 태양 전기의 85퍼센트 이상을 자동차를 달리게 하는 데 사용할 수 있는 거지. 반면에 수소 전기차의 경우, 전기로 물을 전기분해할 때의 손실, 수소를 연료전지에 통과시켜 전기를 만들 때의 손실, 전기로 모터를 돌릴 때의 손실을 합하면 50퍼센트나 돼. 투입한 태양 전기 에너지의 50퍼센트만으로 자동차를 굴리는 거지. 이걸 보면 전기차가 에너지 이용 면에서 훨씬 더 유리한 걸 알 수 있어. 물론 태양광이나 풍력으로 생산된 전기가 넘쳐나서 이 전기로 수소를 만들어 저장했다가 사용한다면 유리한 점이 있긴 하지만.

연료전지의 종류는 매우 다양한데, 간단하게 말하면 수소를 산소와 결합시켜서 전기를 만드는 장치야. 전기가 생산되니까 전지의 일종이라고 할 수 있지. 그런데 1차 전지나 2차 전지와 다른 점은 1차 전지같이 한번 사용하면 못 쓰게 되지 않고 2차 전지같이 방전과 충전을 오가는 것도 아니라는 거야. 연료전지에서 수소와 산소가 결합하면 수증기를 배출해. 미세먼지나 오염물질이 나오지 않으니 매우 친환경적인 장치

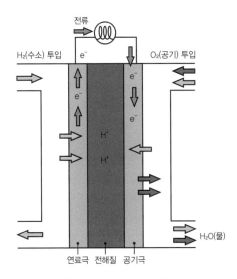

전류

H₂(수소) 투입 e⁻   O₂(공기) 투입

e⁻   e⁻

e⁻   e⁻

H⁺

H⁺

H₂O(물)

연료극 전해질 공기극

5-1 연료 전지의 기본 작동 원리. 연료극(anode)으로 수소가 투입되어 수소 이온과 전자를 만들어 낸다. 공기극으로는 공기(산소)가 투입되고 이것은 전자를 받아 산소 이온이 된다. 산소 이온은 수소 이온과 결합하여 물이 된다.

라고 할 수 있지. 그런데 전기차나 수소 전기차에 비해 석유나 가스로 움직이는 내연기관 자동차는 온실가스와 미세먼지를 내뿜을 뿐 아니라 에너지 손실이 훨씬 더 커. 투입한 에너지의 20퍼센트 정도만 자동차를 굴리는 운동에너지로 바뀌고 나머지는 열로 날아가 버려. 아주 비효율적으로 에너지를 이용하는 거지. 이런 이유에서도 내연기관 자동차는 빨리 사라지는 게 좋아.

석유나 가스로 달리는 자동차는 효율이 아주 낮은데, 전기차와 비교해서 연료비는 어느 것이 더 많이 들까? 휘발유 자동차의 경우, 1리터로 달릴 수 있는 거리는 자동차 종류마다 다르지만 대략 15킬로미터 정도 돼. 휘발유 1리터에 담긴 에너지가 대략 10킬로와트시니까 1킬로와트시로 1.5킬로미터를 달리는 거지.

전기 자동차는 1킬로와트시로 6킬로미터 이상 달릴 수 있어. 에너지 효율이 4배 이상인 거지. 비용을 계산하면 휘발유는 1리터, 즉 10킬로와트시에 약 1,500원, 1킬로와트시에는 150원, 1킬로미터에는 100원 정도 드는 셈이야. 전기 자동차의 전기 가격은 충전 장치에서 공급받을 때 1킬로와트시에 300원 정도니까 1킬로미터에는 50원 정도인 거지. 전기 자동차의 연료비가 내연기관 자동차의 50퍼센트 정도밖에 안 드는 걸 알 수 있어.

물론 전기차의 장점은 또 있어. 주요 부품이 배터리와 모터이고, 그 외 움직이는 부품은 20개도 안 된다는 점이야. 이에 비해 내연기관 자동차는 움직이는 부품이 2,000개가 넘어. 움직이는 부품의 수가 적다는 것은 그만큼 유지하고 정비하는 데 들어가는 비용이 줄어든다는 것을 의미해. 고장도 적고, 부품 교체도 별로 필요 없으니 말이야. 그래서 전기차가 많이 보급되면 정비소가 사라지고 이와 함께 일자리도 감소한다는 비판도 있어. 2020년에 제주도의 전기차는 전체 자동차의 5퍼센트 정도였는데, 정비소는 12.6퍼센트나 사라졌다고 해.

수소 전기차의 장점

앞에서 '효율'이란 용어를 사용했지만, 에너지 효율이 무슨 뜻인지 좀 더 생각해 보려고 해. 효율은 투입한 에너지 중 얼마만큼의 양이 목적에 맞게 사용되는지를 나타내는 말이야. 이 말을 사용하면 전기 자동차는 효율이 85퍼센트, 수소 전기차는 50퍼센트, 석유를 태우는 내연기관 차는 20퍼센트인 셈이지. 전기 자동차가 단연 효율이 높다는 걸 알 수 있어.

그런데도 수소 전기차를 만들어서 사용하려는 이유가 뭘까? 바로 주행거리와 충전 시간 때문이야. 전기차는 배터리의 양에 따라서 주행거리가 달라져. 많이 설치하면 오래 달릴 수 있겠지. 그런데 배터리를 많이 설치하면 당연히 자동차가 무거워지고 가격이 비싸지잖아.

또 하나 불편한 점은 방전된 배터리를 충전하는 데 시간이 많이 든다는 거야. 핸드폰도 배터리의 전기가 10퍼센트일 때 100퍼센트까지 충전하려면 한 시간 이상 걸리기도 하지. 마찬가지로 전기 자동차의 배터리도 100퍼센트 충전하려면 한 시간 정도 기다려야 해. 반면에 수소차는 연료 통에 금세 수소를 한가득 채우고 한참을 달릴 수 있어. 이 점에서 훨씬 유리하기 때문에 수소차를 좋아하는 사람들이 있는 거야. 하지만 전기차도 배터리와 고속 충전 기술이 발달해서 40분 동안 고속 충전을 하면 500킬로미터를 달릴 수 있는 것도 있어. 앞으로 전고체 배터리가 나오면 더 빨리 충전해서 더 오래 달릴 수 있겠지?

수소, 비행기와 선박의 에너지원

지금껏 다룬 세 가지 자동차 중에서 내연기관차는 2050년이면 찾아보기 힘들 거야. 탄소 중립을 하려면 모두 전기차나 수소차로 바꿔야 할 테니까. 유럽에서는 더 빨리 사라질 거야. 2035년까지 내연기관차를 없애겠다고 선언했거든. 그러면 앞으로 수소차, 그리고 수소는 어떻게 될까? 가볍고 충전 시간이 짧은 전고체 배터리가 나오면 전기차에 밀려서 사라질까?

그렇게 되지는 않을 거야. 배터리보다 수소가 더 유리한 분야가 있거든. 수소차는 아마 짐을 많이 싣고 오래 달려야 하는 운송 수단에 투입될 가능성이 높아. 승용차나 시내버스로는 대부분 전기차가 사용되겠지만 수소가 필요한 곳이 꽤 많이 있어. 교통수단 중에서는 장거리 비행기나 대형 선박이 있고, 강철이나 시멘트를 만드는 공장 같은 곳에서도 쓸 수 있지. 지금은 비행기 연료로 석유를 사용해. 이산화탄소를 많이 내뿜으면서 하늘을 날고 있지. 마찬가지로 선박들도 석유를 연료로 사용하고 있어. 벙커C유를 사용하기 때문에 미세먼지도 아주 많이 내뿜는단다. 전 세계 비행기가 운항 중에 배출하는 이산화탄소의 양은 교통 분야에서 나오는 이산화탄소의 14퍼센트 가량을 차지해. 선박에서 내뿜는 이산화탄소의 양도 마찬가지야.

그런데 탄소 중립을 달성하려면 2050년까지 비행기나 선박의 연료도 탄소 제로 연료로 바꾸어야 하는데, 그 연료로 가장 유력한 것이 바로 수소야. 비행기로 서울에서 뉴욕까지, 배로 부산에서 로스엔젤레스까지 간다고 해 보자. 거리가 1만 킬로미터나 되는데 전기를 이용한다면 엄청나게 많은 배터리를 실어야 할 거야. 배터리 양만큼 사람이나 짐이 들어갈 자리는 줄어들겠지. 당연히 운임이 아주 비싸질 것이고. 그러면 경제적으로 의미가 없어. 반면에 수소를 높은 압력과 아주 낮은 온도(- 253℃)에서 압축하여 액체로 만들어서 연료로 쓰면 석유와 비슷한 정도의 양만 넣고 가면 돼. 그러니 장거리 비행기나 대형 선박에서는 수소가 석유를 대신할 연료로 논의되는 거야. 이런 이유로 여러 나라에서 수소에 대한 연구와 개발을 하고 있는데, 수소는 가끔 로켓의 연료로도 사용되고 있어. 로켓에는 액체 수소와 액체 산소 탱크가 실리는데, 이 둘이 반응하면서 내놓는 에너지로 로켓이 날아가지. 수소는 석탄이나 가스를 대규모로 사용하는 큰 공장에서도 필요하게 될 거야. 우리나라의 현대제철, 포스코 같은 철강 공장이나 시멘트 공장에서는 아주 많은 화석연료를 사용해. 전 세계에서 배출되는 온실가스 중 강철이나 시멘트를 생산할 때 나오는 온실가스는 각각 8퍼센트 가량 된다고 해. 상당히 많은 양이야. 여기서도 화석연료 대신 탄소 제로 연료를 사용해야만 기후 변화를 억제할 수 있겠지? 그 연료로 가장 유력한 것이 바로 수소야.

수소는 양성자 한 개와 전자 한 개로 이루어져 있어. 원소 중에서 가장 작고 가볍지. 너무 가볍고 작아서 붙잡아 가두어 두는 것도 쉽지 않아. 그리고 산소와 만나면 작은 불꽃만 있어도 폭발적으로 반응해. 일본의 후쿠시마 원전에서도 수소가 폭발했지. 그러니 운반과 보관, 사용이 간단하지 않아. 가정에서 연료로 사용하는 가스는 수소보다 훨씬 크고 무거운데도 자칫하면 폭발하는데, 수소는 어떻겠어?

그래서 이걸 연료로 사용하려면 생산, 저장, 운반, 충전 전반에 걸쳐서 안전에 세심한 주의를 기울여야 해. 저장하고 운반하는 방법은 여러 가지가 있지만, 그 중 간단한 것은 대기압의 700배 정도 높은 압력을 가해 압축하거나 액체로 만든 다음 저장 탱크에 넣고 운반하는 거야. 저장 탱크는 높은 압력에 견딜 수 있도록 아주 튼튼하게, 또 액체 수소가 끓어서 기체가 되지 않도록 완벽하게 단열을 해야겠지. 수소를 잘 흡수(착)하는 물질에 붙여 고정시켜서 저장하고 운반할 수도 있어. 수소를 하버-보쉬 제법을 이용해서 질소와 결합시켜 암모니아^{NH_3}를 만들고 이것을 액체로 압축해서 저장 및 운반을 할 수도 있지. 사용할 때는 암모니아를 직접 태우거나 연료전지에 통과시켜서 쓰면 돼. 지금 수소 생산 기술과 저장 기술이 한창 연구 중이야. 아직은 화석연료에서 나온 적은 양의 그레이 수소로 자동차나 연료전지 발전에 사용하고 있는데, 앞으로 기술이 개발되면 물을 전기분해해서 생산한 그린 수소가 다양한 분야에 투입될 수 있을 거야.

6장

똑똑하게 관리하는

스 마 트

전 력 시 스 템

인공지능과 스마트 그리드

미래 에너지에서 또 한 가지 중요한 역할을 맡은 것은 에너지를 효율적으로 관리하는 시스템이야. 요즘 '스마트'라는 수식어가 붙은 말을 생활 곳곳에서 볼 수 있을 거야. 스마트폰은 물론이고 스마트 시티, 스마트 공장, 스마트 그리드, 스마트 팜, 스마트 워치, 스마트 스토어, 스마트 홈 등등. 스마트라는 말은 영어로 '똑똑하다', '맵시있다'는 뜻을 가지고 있는데, 여기서도 비슷한 의미로 사용되고 있어. 똑똑한 도시, 똑똑한 공장으로 번역해 볼 수 있지. '지능형'이라고 번역해서 앞에 붙이기도 해. 하지만 여기서 스마트라는 말을 사용하는 이유는 디지털 기술, 인공지능 기술을 이용한다는 의미를 강조하기 위해서야. 디지털 기술과 인공지능 기술을 이용해서 도시와 공장과 농장을 아주 지능적으로 똑똑하게 관리한다는 뜻이거든.

위에 나열한 것들 중 미래 에너지와 관련이 깊은 것은 스마트 그리드야. 여기서 '그리드'는 전기가 흘러가는 전선들의 연결 망, 즉 송전선과 배전선을 포함한 전력 시스템을 말해. 특히 태양광과 풍력의 전력 생산 비율이 높아지고 배터리도 전력 시스템이 되면 스마트 전력 시스템이 매우 중요해져. 화력발전이나 원자력발전과 달리 자연을 이용해야 하는 태양광,

풍력으로 생산되는 전기가 얼마가 될지 예측하기 어렵고, 수요 예측도 쉽지 않기 때문이지. 그런데 빅 데이터와 인공지능을 이용하면 상당히 정확하게 예측하고 대응할 수 있어. 그래서 똑똑하게 관리하고 대응한다는 뜻으로 스마트라는 말을 붙이는 거야.

스마트 그리드, 스마트 전력 시스템이 정말 제대로 스마트하게 작동하려면 전기 생산, 소비, 저장 장치들이 모두 참여해야 하고 또 아주 정교하게 조절될 수 있어야 해.

여기서 한번 탄소 제로, 에너지 독립을 하고 있는 집이 있다고 가정해 보자. 이 집에서 완전한 탄소 제로를 실현하기 위한 가장 쉽고 편리한 방법은 모든 에너지, 즉 가전제품, 조명, 난방, 요리 등에 쓰이는 에너지를 전기로 공급하고, 이 전기를 태양광 발전으로 생산하는 거야. 그리고 전기가 생산되지 않는 밤이나 비 오는 날을 위해서 배터리 저장 장치를 설치하는 거지.

그런데 태양광 발전기를 얼마나 설치해야 할지, 저장 장치를 얼마나 크게 만들어야 할지 어떻게 정할까? 하루에 전기 25킬로와트시 정도가 필요하고 장마철에 연속해서 비 오는 날이 3일 정도 된다고 하면, 태양광 발전기는 넉넉하게 12킬로와트, 배터리는 70킬로와트시 정도는 설치해야 할 거야. 이 경우, 비용은 발전기 설치에 약 1,000만 원, 배터리에 약 1억 원, 이렇게 모두 1억 천만 원 가량 들 것 같아. 아주 많은 돈이 들어가는 거지.

새는 에너지를 잡아라, 마이크로 에너지 독립

자, 그런데 그 집에서 에너지를 사용하는 방식을 세밀하게 분석한 데이터가 있다고 가정해 볼까?

주중에는 식구들이 직장이나 학교에 가기 때문에 에너지를 조금 쓰고, 저녁에는 요리, 텔레비전 시청, 게임 등을 하기 위해 많이 쓰겠지. 그리고 주말이나 공휴일에는 식구들이 대체로 하루 종일 집에 있으니까 에너지를 꽤 많이 쓸 거야. 이런 게 에너지 사용 방식에 대한 데이터지. 더 세밀한 데이터도 얻을 수 있어. 세탁기는 아마 주말에 많이 돌리겠지? 요리할 때는 어떤 전자제품을 자주 사용하는지, 전기차를 가지고 있다면 언제 충전하는지, 샤워는 주로 언제 하는지와 같은 수치를 얻게 되지.

그 다음에 데이터를 인공지능을 이용해서 분석하고, 에너지의 효율적인 사용을 고려할 때 세탁, 전기차 충전, 샤워 같은 일을 언제 하는 게 가장 좋은지도 인공지능과 인터넷을 통해 알려주는 거야. 이제 남은 일은 분석을 통해서 태양광 발전기와 저장 장치가 얼마나 필요한지 결정하는 거지.

아마 앞에서 대강 잡은 태양광 12킬로와트, 배터리 70킬로와트시보다 훨씬 적게 설치해도 된다고 나올 거야. 이런 방식으로 전기 생산과 저장 시설을 설치하고, 인공지능을 이용하여 해가 좋을 때 발전기에서 전기가 많이 나오면 세탁기, 에어컨, 난방장치가 돌아가게 하고, 전기차도 충전하는 방식으로 전기 사용을 하도록 설계한다고 해. 그러면 태양광 발전기로 6킬로와트, 배터리 저장 장치로 30킬로와트시 정도만으로도 탄소 제로와 에너지 독립을 달성할 수 있을 거야. 비용이 훨씬 적게 드는 거지. 스마트란 말은 이런 시스템에 붙일 수 있어. 이 집의 에너지는 스마트 에너지 시스템에 의해서 매우 효율적으로 공급되고 있다고 말이야.

여기서 또 한 가지 생각해야 할 게 있어. 건물에서는 일반적으로 난방용 에너지가 가장 많이 필요하다는 사실이지. 전기로 공급하려면 겨울철에도 태양광 발전기에서 전기가 아주 많이 생산되어야 할 텐데 이게 가능할까? 우리 주변의 일반 가정에서는 거의 불가능해. 겉으로 멋있어 보이는 집도 에너지 측면에서는 허술하게 지어진 경우가 많거든.

하지만 가능한 경우도 있어. 난방을 아주 적게 해도 따뜻하도록 집을 지으면 되지. 이런 집을 '파시브하우스'Passivehaus라고 하는데, 독일과 오스트리아에서 꽤 많이 볼 수 있어. 어떻게 하면 이런 집을 만들 수 있을까?

집을 지을 때 크게 다섯 가지 부분에 신경 쓰면 돼. 우선 외벽에 단열을 잘 해야겠지. 그런데 벽과 달리 단열을 하지 못하는 부분이 있어. 바로 창과 출입문이야. 창과 출입문은 건물에서 차지하는 면적은 작아도 에너지가 많이 빠져나가. 창의 유리와 창틀, 그리고 출입문의 철판이나 합판에서 많은 양의 에너지 손실이 일어나기 때문이지.

50년쯤 전에는 창에 한 겹짜리 유리를 끼웠는데, 추운 겨울날 새벽에는 유리에 성에가 두껍게 덮이기도 했어. 한 겹 유리를 통해 에너지가 많이 빠져나가면서 유리가 너무 차가워진 탓에 표면에 물방울이 맺혔다가 얼어 버린 거야. 지금은 성에가 생기는 일이 없지. 두 겹짜리 유리를 사용해서 에너지 손실을 줄인 덕분이야. 그런데 에너지 손실을 더 줄이려면 창에 빛이 잘 통과하는 3중 유리를 끼워 넣으면 돼. 빛이 잘 통과해야 하는 이유는 태양 에너지를 많이 받아들여야 난방 에너지 소비를 줄일 수 있기 때문이지.

그리고 창틀에도 단열재를 넣고, 창을 닫았을 때 공기가 새어 나가지 않도록 만들면 에너지 손실이 크게 줄어들어. 출입 문도 양쪽 철판이나 합판 사이에 단열재를 많이 넣으면 에너 지 손실을 상당히 줄일 수 있지. 이게 두 번째로 해야 할 일이 야. 세 번째는 공기가 새는 곳을 철저히 없애는 거야. 집을 기 밀하게 만드는 거지. 공기가 새어 나가면 에너지도 함께 새어 나가거든. 우리나라 전통 한옥은 겨울철에 불을 많이 때도 바 닥은 뜨겁지만 서 있으면 상당히 추워. 단열이 안 되어 있기 도 하지만 창문과 벽, 나무 기둥과 벽, 벽과 지붕 사이에 찬 공기가 드나드는 틈새가 많이 생겨서 그래. 이런 곳을 없애고 좀 더 기밀하게 만들면 한옥에서도 겨울철에 따뜻하게 지낼 수 있을 거야.

그런데 건물이 너무 꽉 막히면 환기가 잘 안 되겠지. 냄새 도 잘 안 빠질 뿐만 아니라 이산화탄소 농도도 높아질 거고. 그래서 네 번째로, 환기장치를 이용해서 실내 공기를 바꿔 주 어야 해. 이때 음식점에서 쓰는 환풍기로 환기를 하면 에너지 도 아주 많이 빠져나가겠지? 그래서 파시브하우스에서는 환 기를 하기 위해 열 회수 환기장치를 사용해. 여기서 열 회수 라는 말은 집에서 밖으로 나가는 공기에 포함된 에너지를 집 으로 들어오는 신선한 공기가 받아서 들어오는 것을 뜻해. 들 어오는 공기가 나가는 공기로부터 에너지를 회수해 온다는

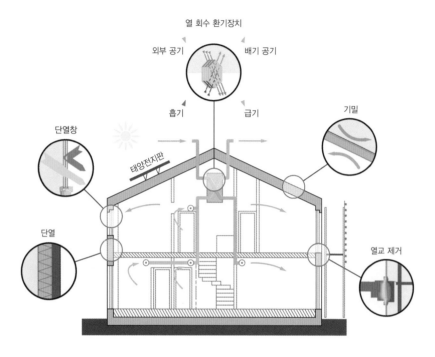

6-1 파시브하우스의 다섯 가지 원리. 단열, 단열 창, 열 회수 환기장치, 기밀, 열교 제거를 통해 적은 양의 에너지를 사용하면서 쾌적한 생활을 할 수 있는 건물을 만들 수 있다.

거지. 그러면 환기할 때 에너지 손실이 거의 일어나지 않아.

다섯 번째로 유의해야 할 점은 열교가 생기지 않도록 집을 짓는 거야. 열교는 에너지가 건너가는 다리라는 뜻이야. 건물에는 단열재를 많이 붙이기 어려운 벽도 있어. 단열재를 붙이지 않으면 바로 여기에 열교가 생겨. 다른 곳은 단열재가 붙어 있어서 에너지가 빠져나가기 어려운데, 단열재가 없는 곳은 나가려는 에너지가 모두 몰려들어서 아주 많은 에너지 손실이 일어나는 거야. 그리고 에너지 손실로 벽이 차가워지니까 습기가 차고 곰팡이도 피지. 그러니 건물의 에너지 손실을 줄이려면 열교가 발생하지 않도록 하는 것도 매우 중요해.

위에서 설명한 다섯 가지 부분에 유의해서 건물을 지으면 아주 적은 에너지로도 겨울철 실내 온도를 섭씨 20도로 유지할 수 있어. 그렇게 지은 10제곱미터 정도의 작은 방이라면 촛불 10개로도 가능해. 대부분의 건물은 작은 방이라도 촛불을 200개는 피워야 실내 온도가 20도에 도달할 거야.

게다가 파시브하우스는 열 회수 환기장치를 계속 가동하기 때문에 실내 공기도 항상 신선한 상태로 유지할 수 있어. 그리고 열교가 없으니 곰팡이도 생기지 않고. 난방 에너지를 아주 적게 쓰면서도 쾌적한 집이 되는 거지. 이런 집에는 태양광 발전기를 6킬로와트 정도 설치하고 배터리를 30킬로와트시 정도 설치하면 충분히 탄소 제로와 에너지 독립을 달성할 수 있을 거야.

이런 스마트 전력 시스템을 우리나라의 전체 전력 망에도 적용할 수 있어. 특히 풍력발전기가 많고 육지에서 멀리 있는 제주도에 적용하면 효과가 클 거야. 제주도에는 주택에 태양광 발전기도 상당히 많이 설치되어 있어. 전기 자동차도 꽤 많이 달리고 있고. 2030년까지 전기차 37만 대를 보급하려는 계획을 가지고 있는데, 제주도 자동차 대수가 60만 대쯤 되니까 절반 이상을 전기차가 차지하는 거지. 그런데 전기 자동차 한 대에는 배터리가 70킬로와트시 정도 들어 있어. 우리나라 가정에서 한 달에 사용하는 전기가 대략 250킬로와트시니까, 이것과 비교하면 상당히 많은 양이야.

이제 스마트 전력 시스템에 전기차 37만 대의 배터리, 그리고 주택의 태양광 발전기도 포함시키는 거야. 하와이의 카우아이섬처럼 100메가와트시 정도의 배터리 저장 장치도 설치하고 말이지. 그러면 제주도의 스마트 전력 시스템은 풍력, 태양광, 전기차 배터리, 대형 배터리 저장 장치, 약간의 화력 발전소로 구성되겠지.

이제 인공지능을 이용해서 풍력과 태양광 발전기의 전기 생산량을 정밀하게 예측하고 전기 소비 패턴을 세밀하게 분석한 다음에 전기가 많이 생산되면 저장하고, 적게 생산되면 전기차와 대형 저장 장치에 저장되어 있던 전기를 사용할 수 있도록 조절하면 스마트 전력 시스템이 작동하게 되는 거야. 그러면 바람이 세게 불어 전기가 많이 생산될 때 풍력발전기

를 멈출 필요가 없고, 생산한 전기 역시 100퍼센트 이용할 수
있어.

1장

가장 오래되고, 가장 미래적인 풍력발전

인류 역사와 **함께해 온 풍력**

기후 변화를 억제할 수 있는 또 하나의 미래 에너지는 풍력발전기에서 생산한 전기에너지야. 풍력은 인류가 오래 전부터 운동에너지를 얻기 위해서 사용해 왔어. 지금도 네덜란드에 가면 바람에 돌아가는 풍차를 볼 수 있지. 대부분 사용하지는 않고 관광용으로 세워 놓긴 했지만, 200년 전에는 네덜란드에 9,000개나 되는 풍차가 돌아가고 있었대. 지금은 그 중에서 1,000개 정도만 남아 있지.

그런데 네덜란드는 왜 그렇게 많은 풍차가 필요했을까? 단순히 곡식을 빻거나 공장을 가동하기 위해서였다면 그렇게 많이 필요하지는 않았을 거야. 그 이유는 네덜란드 땅의 3분의 1이 해수면 아래에 있기 때문이지. 육지가 더 낮으니 물을 퍼 올리는 배수를 해야했고, 그 용도로 많은 풍차가 필요했던 거야. 풍력발전기는 물을 퍼내던 풍차를 전기 생산용으로 변형한 셈이야. 모양도 비슷하지. 높은 탑과 바람에 돌아가는 날개가 있으니까.

풍력발전기의 역사는 100년도 넘었어. 처음에는 규모가 작았지만, 20세기 초에는 풍력발전기가 아주 많이 보급되었지. 당시 미국 대륙에는 수만 개 이상 설치되었다고 해. 생산된 전기는 모두 그 근처에서 사용되었어. 독립적으로 전기를 생

7-1 독일 칼스루에의 쓰레기 매립장에 세워진 수평 축 풍력발전기(왼쪽)
7-2 타이완에 설치된 수직 축 풍력발전기(오른쪽). 수직 축에 부착된 날개가 바람의 방향과 상관없이 돌아간다(출처: 위키피디아).

산하고 소비했던 것이지. 그런데 그 후 수력과 화력발전이 보급되고 전기를 멀리 보낼 수 있는 송전망이 만들어지면서 풍력발전기가 거의 사라졌어. 전기가 들어가지 않는 오지에서 간간이 사용되었을 뿐이야. 그러다가 20세기 말에 원자력의 위험과 기후 변화 문제가 부각되자 기술 개발이 빠르게 이루어져서, 지금은 거대한 풍력발전기가 전 세계의 육지와 바다에 설치되고 있어.

풍력발전기에는 여러 형태가 있단다. 풍차처럼 날개가 돌아가는 것도 있지만, 둥그렇게 휜 금속판 같은 것이 수직 축에 붙어서 돌아가는 것도 있어. 둘 중에 가장 많이 설치되는 것은 수평 축에 붙은 커다란 날개가 돌아가는 형태야. 수직 축 풍력발전기는 날개가 바람 방향을 따라갈 필요가 없다는 게 장점이지만, 수평 축에 비해 에너지 변환 효율이 많이 떨어지고 용량을 키우기 어렵거든. 수평 축 풍력발전기에는 보통 날개 세 개가 붙어 있지만, 20세기 말에는 한 개짜리와 두 개짜리도 개발되었어. 하지만 지금은 가장 효율적인 세 개짜리만 설치하지. 20세기 말부터 대형 풍력발전기가 덴마크와 독일을 중심으로 건설되었는데, 지금은 전 세계 곳곳에 건설되고 있단다.

풍력발전기의 **원리**

풍력발전기는 크게 발전기, 날개, 탑, 변압기로 이루어져 있어. 바람을 맞으면 날개가 돌아가고, 동시에 날개 축과 연결된 발전기도 작동해. 이때 전기가 생산되는데, 바람의 세기가 클수록 전기도 많이 생산돼. 생산되는 전기의 양은 바람 속도의 세제곱에 비례해서 증가한단다. 바람의 속도가 2배가 되면, 전기는 8배나 더 발생하는 거지. 바람이 강할수록 전기 생산은 지수함수적으로 증가하는데, 물론 태풍이 와서 바람이 너무 강하면 멈춰 세워야 해. 날개가 너무 빠른 속도로 돌아가면 부러지거나 발전 터빈이 뜨거워져서 화재가 일어날 수 있거든.

또 풍력발전기의 발전량은 바람을 맞는 날개가 휩쓸고 지나가는 면적이 클수록 늘어나. 날개가 그리는 원의 지름이 클수록 증가하는 거지. 이때 발전량은 면적에 정비례해서 증가해. 그래서 풍력발전기는 바람이 잘 부는 곳에 세우고, 작은 것보다 큰 것을 세우는 거야.

바람은 장애물이 있으면 속도가 줄어들어. 풍력발전기를 건물이 많은 곳, 산골짜기나 중턱 같은 곳에 세우지 못하는 이유야. 산이 거의 없는 독일 북부나 덴마크에서는 넓은 평지에 설치된 풍력발전기를 많이 볼 수 있는데, 우리나라 육지의 경우 대관령같이 높은 산등성이에서나 간간이 볼 수 있어. 그리고 바람이 강한 제주도 해안에서 꽤 많이 발견할 수 있지. 이렇게 평지나 산등성이에 풍력발전기를 세우는 이유는 큰 장애물이 없기 때문이야. 바람이 가지고 있는 에너지가 다른 장애물에 빼앗기지 않고 풍력발전기에 전달될 수 있지.

그럼 지구에서 바람이 가장 잘 부는 곳은 어디일까? 지구상에서 장애물이 가장 적은 곳은 바다 위야. 바다는 액체니까 장애물이 없어. 바다 표면의 마찰만 있을 뿐이지. 마찰은 높이 올라갈수록 줄어들기 때문에 해수면 위 10미터와 110미터의 풍속은 초속 2미터 이상 차이가 나지. 그래서 지금 풍력

7-3 대관령에 설치된 풍력발전기(출처:위키피디아)

발전의 세계적인 추세는 바다에 높고 큰 풍력발전기를 세우
는 쪽으로 가고 있어. 물론 바다에 세워야 하니까 육지에 세
우는 것보다 건설비는 많이 들어. 그래도 바다에는 세울 수
있는 곳이 많고, 또 장기간에 걸쳐 바람이 강한 곳에서 전기
를 더 많이 생산하면 경제적으로 더 유리할 거야.

우리나라에 안성맞춤, 해상 풍력발전

해상 풍력발전은 주로
유럽의 덴마크, 영국,
스웨덴, 아일랜드, 독
일에서 많이 하고 있지만, 우리나라에도 정말 필요한 방식이
야. 우리나라는 산이 면적의 70퍼센트가 넘는 데다가, 지평선

이 보일 정도로 넓은 평지가 없지. 평지에도 장애물이 너무 많아. 그 대신 바다는 동서남쪽에 넓게 펼쳐져 있어. 3면이 바다로 둘러싸여 있다고 하잖아. 그래서 바다로 나가야 하는 거야.

바다에 세우는 풍력발전기는 굉장히 커. 한 대의 발전 용량이 10메가와트를 넘기도 해. 경상북도 울진이나 전라남도 영광에 있는 큰 원자력발전소의 발전 용량이 1,000메가와트니까, 100분의 1 정도 되는 규모야. 이걸 100개 세우면 거대한 원자력발전소에서 생산하는 전기를 만들어낼 수 있다는 거지. 계산은 그렇게 나오지만 실제는 200개 정도를 세워야 해. 여기서도 효율이 작용하기 때문이야. 풍력발전기는 바람이 불 때만 전기를 생산한다고 했지? 그래서 세계에서 바람이 가장 잘 분다는 영국 스코틀랜드 해상에 세워진 풍력발전기의 효율도 40퍼센트 정도야. 이것을 이용률이라고도 부를 수 있는데, 원자력발전소의 이용률은 80퍼센트 가량 돼. 그러니 해상 풍력발전으로 원자력발전소 한 대에서 생산하는 양을 따라 잡으려면 발전 용량을 두 배 정도 설치해야 하는 거지.

발전 용량이 10메가와트인 풍력발전기는 날개 하나의 길이가 100미터 가까이 돼. 날개가 휩쓰는 원의 지름이 200미터가 되는 거지. 탑의 높이는 100미터가 훨씬 넘겠지? 지금 이런 풍력발전기들이 바다에 세워지고 있어. 풍력발전기 한 개는 일년 동안 전기 약 3,000만 킬로와트시를 생산하는데, 1만 가구가 사용할 수 있는 양이야. 그런데 풍력발전기 제작 회사에서는 이보다 더 큰 것도 개발하고 있어. 발전 용량이 17메가와트로, 날개 지름이 250미터, 탑의 높이는 150미터가 넘어. 에펠탑의 높이가 324미터니까 절반 정도지. 2030년경에는 바다에서 많이 볼 수 있을 거야.

2021년의 전기 생산량 중에서 풍력발전의 비율이 가장 높았던 나라는 덴마크야. 덴마크는 전체 전기의 56퍼센트 가량을 풍력발전으로 공급했어. 그 다음이 남미의 우르과이로 40퍼센트 정도고, 아일랜드, 독일, 영국, 포르투갈, 스페인 등에서 각각 25퍼센트 가량이 풍력 전기로 공급되었지.

덴마크의 풍력발전 역사는 꽤 오래되었어. 1970년대 초, 전 세계에 오일쇼크가 닥쳤는데, 이때 덴마크는 석유로부터 벗어나려는 계획을 세웠지. 덴마크는 평야만 있고 바람이 아주 많이 부는 나라거든. 그래서 자연스럽게 풍력발전이 석유의 대안이 되었고, 풍력 연구와 개발이 활발하게 진행됐지. 그 결과, 지금은 세계에서 가장 큰 풍력발전기 제작사인 베스타스를 가진 나라이자, 세계 최초로 바다에 풍력발전기를 세운 나라이자, 세계에서 풍력발전 비중이 가장 높은 나라가 되

7-4 코펜하겐시 앞바다에 설치된 풍력발전기

었어. 덴마크의 바다에 세워진 풍력발전기에서는 제주도 바다에 설치한 풍력발전기보다 2배 이상 많은 전기를 얻을 수있어. 그만큼 바람이 강하게 부는 거야. 덴마크의 수도 코펜하겐 앞바다에는 풍력발전기 20개가 세워져 있어. 2000년에 코펜하겐 시민들이 주도하여 건설되었는데, 그때는 20여년 전이니 크기가 작았겠지. 발전 용량은 각각 2메가와트로, 전체 용량은 40메가와트야. 코펜하겐시에서 쓰는 전기의 4퍼센트를 공급하고 있어. 꽤 많은 양이지. 지금 바다에 설치하는 대형 풍력발전기의 발전 용량이 10메가와트인데, 2030년경에는 거의 20메가와트가 될 거라니, 풍력발전이 얼마나 빠르게 발전하고 있는지 알 수 있지?

해상 풍력발전기
설치하기

풍력발전기를 바다에 건설하는 것은 쉬운 일이 아니야. 강한 바람과 파도, 그리고 엄청나게 크고 무거운 날개와 터빈 무게를 견딜 수 있도록 기초와 탑을 설치해야 하니까. 기초 설치는 바다에서 석유를 뽑아내는 해양플랜트 같은 방식을 사용해. 육지에서 하듯 땅바닥을 파고 콘크리트를 붓는 것이 아니라 기초 역할을 하는 육중한 관(모노파일)을 하나 또는 여러 개를 바다 밑바닥으로 30미터 가량 들어가도록 박은 다음, 그 위에 탑을 세워. 탑 위에 발전 터빈 함(나셀)을 올리고 날개를 붙이는 순서로 진행해.

그런데 이건 수심이 20미터 안팎일 경우에 사용하는 방식이고, 깊은 바다에서는 다른 방식으로 설치하지. 풍력발전기가 바다 바닥에 고정된 것이 아니라 떠 있는 부유식 공법을 사용해. 이 방식에 따르면 기초 역할을 하는 모노파일 대신, 물에 반쯤 뜨는 구조체를 설치해. 그리고 여기에 케이블과 닻을 연결해서 움직이지 못하게 고정하지. 바다 밑바닥에 고정된 세 개의 닻은 삼각형을 만들고 구조체는 이 삼각형의 중심에 놓여. 그 위에 탑과 발전기함, 날개를 조립하면 풍력발전기 건설 완료! 부유식 풍력발전기는 수심이 깊은 먼 바다에도 설치할 수 있다는 장점을 가지고 있어. 우리나라는 수심이 얕

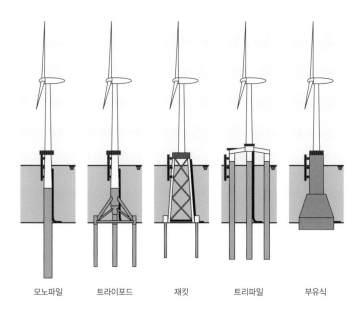

| 모노파일 | 트라이포드 | 재킷 | 트리파일 | 부유식 |

7-5 해상 풍력발전기의 기초 건설 방식

은 서해와 제주도 바다에만 해상 풍력발전기를 설치해 왔는
데, 부유식은 수심이 깊은 동해에도 설치할 수 있지. 영국 스
코틀랜드와 포르투갈에서는 이미 부유식 풍력발전 단지에서
전기를 생산하고 있어.

　해상 풍력발전기는 기초용 구조물, 탑, 발전 터빈함, 날개
를 대형 크레인이 설치된 바지선에 싣고 바다로 이동해 조립

하지. 발전 터빈함과 날개는 바람을 90도 정면에서 받을 수 있도록 바람 부는 방향을 따라 돌아가게 되어 있어. 바람을 맞은 날개가 돌면서 생산한 전기는 탑 안에 있는 전선을 통해서 변압기로 가고, 해저 케이블을 통해 육지로 전달돼. 독일 북해에 설치된 풍력발전기에서는 생산된 전기를 육지로 가져가지 않고 그 자리에서 바로 수소로 만들어 수송하려는 연구도 진행되고 있어. 독일에는 북해와 해안에 아주 많은 풍력발전기가 설치되어 있는데, 바람이 강하게 불면 전기가 필요한 것보다 훨씬 더 많이 생산될 때가 종종 있어. 그러면 전기를 버리든지 풍력발전기를 멈추어야 하는데, 이 전기를 이용해 수소로 만들면 버리거나 멈추지 않아도 되는 거야. 그리고 먼 바다에서 육지로 전선을 연결하는 비용이 매우 많이 든다는 점도 작용한 거지.

우리나라도 풍력발전을 크게 늘리려고 해. 특히 바다에 많이 설치하려 하지. 정부 계획에 따르면 2030년까지 12,000메가와트를 바다의 풍력발전기로 생산하려고 한대. 10메가와트짜리를 설치한다면 1,200개가 되는 거지. 원자력발전소로 치면 원자로를 6개 정도 건설하는 건데, 에너지전환과 탄소 중립을 달성하기에는 아주 많이 모자란 숫자야. 우리나라 정부에서 선언한 2050년 탄소 중립에 도달하려면 훨씬 많은 풍력발전기를 건설해야 하거든. 탄소 중립은 전기만 태양광과 풍력 발전으로 생산해서는 달성하기 어려워. 전기뿐 아니라 석유, 가스, 석탄 같은 에너지를 모두 재생 가능 에너지로 대체해야 하거든.

에너지전환,
탄소 중립,
탄소 제로

탄소 중립?
탄소 제로?

여기서 에너지전환과 탄소 중립이 어떤 의미인지 생각해 보는 게 좋겠어. 일부 언론에서는 정확한 뜻도 모르고 사용하더라고. 에너지전환은 기존의 위험하고 지속 가능하지 않은 원자력과 화석연료 대신 안전하고 없어지지 않는 재생 가능 에너지를 만들자는 거야. 즉 원자력, 화석연료에서 재생 가능 에너지로 전환한다는 것이지. 에너지전환을 이루면 온실가스가 나오지 않으니까 탄소 제로는 자연스럽게 달성되겠지?

그럼 정부나 언론에서 많이 사용하는 탄소 중립은 무슨 뜻일까? 탄소 중립이 탄소 제로와 비슷하게 보여서인지 언론에서도 구분하지 않고 섞어서 쓰고 있어. 사실 다른 의미인데 말이야. 예를 들어 문재인 대통령이 2020년 10월 28일에 국회에서 2050 탄소 중립 선언을 했을 때, 한 신문기자는 "2050년 탄소 제로 한국도 마침내 합류"라는 제목으로 보도를 했어. 하지만 좀 더 면밀하게 따지면 탄소 제로와 탄소 중립은 상당한 차이가 있다는 걸 알 수 있지.

탄소 제로는 이산화탄소 배출 제로를 의미해. 어떤 사람이 자기 집을 탄소 제로로 만들겠다고 결심하면, 그는 집에서 이산화탄소를 내뿜는 에너지를 사용하면 안 돼. 석유와 가스는

8-1 광양제철소의 한 용광로에서 철광석을 녹여 쇳물을 만드는 모습이다. 철강은 화석연료를 사용하는 대표적인 제조업 산업이다(출처: 위키피디아).

물론이고 화력발전소에서 오는 전기도 사용하면 안 되는 거야. 집에서 필요한 모든 에너지는 태양광, 풍력, 나무 같은 재생 가능 에너지로 조달해야 해. 마찬가지로 우리나라가 탄소 제로를 달성하려면 전기, 자동차 연료, 난방과 조리용 가스, 건물과 공장에서 필요한 에너지를 모두 재생 가능 에너지로 공급해야 하는 거야.

이게 쉽게 될까? 너무나 어려울 거야. 생각해 봐. 우리나라는 수출 의존도가 아주 높고 제조업이 매우 강해. 반도체, 자동차, 철강, 조선, 석유화학 같은 공업이 주종을 이루고 있지.

그리고 제조업에는 엄청 많은 에너지가 사용돼. 거의 모두 화석연료를 사용하다 보니 아주 많은 이산화탄소가 배출되고 있어.

에너지 사용량, 이렇게 많다고?

우리나라는 2019년 기준으로 에너지 사용량이 세계에서 여섯 번째, 이산화탄소 배출량은 아홉 번째로 많은 나라야. 인구 5천만이 넘는 나라 중에서는 일인당 에너지 사용량과 이산화탄소 배출량이 미국 다음으로

8-2 인구 5,000만 이상 국가의 2019년 일 인당 에너지 사용량과 이산화탄소 배출량

국가	에너지 사용량(킬로와트시)	인구(명)	이산화탄소 배출(톤)
미국	79,897	332,915,073	16.06
한국	67,083	51,305,186	11.93
러시아	56,756	145,912,025	11.51
독일	43,703	83,900,473	8.4
프랑스	41,281	65,426,179	4.97
일본	40,889	126,050,804	8.72
영국	32,250	68,207,116	5.48
이탈리아	29,239	60,367,477	5.57

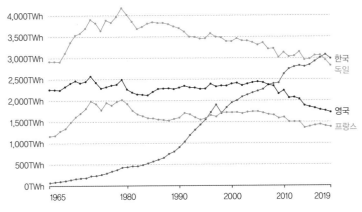

4,000TWh
3,500TWh
3,000TWh
2,500TWh
2,000TWh
1,500TWh
1,000TWh
500TWh
0TWh
1965   1980   1990   2000   2010   2019

한국
독일

영국
프랑스

8-3 인구 규모가 비슷한 네 나라의 화석연료 사용량. 한국의 가파른 상승, 나머지 세 나라의 완만한 감소를 확인할 수 있다.

많아. 일본, 독일, 프랑스 같은 나라보다 훨씬 많고, 영국보다
는 2배 이상 많단다. 그런데 2050년까지 이것을 모두 이산화
탄소를 내놓지 않는 에너지로 바꾸는 것이 가능할까? 먼저
해야 할 건 화력발전소를 없애고 운송수단, 공장, 건축물에서
사용하는 석유나 가스를 모두 전기로 바꾸는 거야. 그러면 필
요한 전기가 지금보다 2배 이상 늘어날 텐데, 이 전기를 어떻
게 생산할 것인지 궁리해야겠지.

앞에서 소개한 제임스 러브록 박사라면 원자력발전소를 아
주 많이 늘리면 간단하게 해결된다고 할 거야. 우리나라 원자
력발전소에서는 1,000메가와트가 넘는 대형 원자로에서 전

기를 생산하는데, 이런 원자로를 200개 정도 더 만들면 되니까 말이야. 원자력이 위험해서 안 된다면 10메가와트짜리 해상 풍력발전기를 4만 개 정도 바다에 설치하면 되지. 태양광 발전으로는 어려울까? 우리나라 국토 면적의 70퍼센트 이상이 산이잖아. 그래서 건설할 곳을 찾는 것이 쉽지 않아. 산을 깎으면 되겠지만, 숲이 파괴되고 산사태의 위험도 늘어나기 때문에 바람직하지 않지.

그래도 방법은 있어. 앞에서 이야기한 영농형 태양광발전소를 크게 늘리는 거야. 전기를 저장만 할 수 있다면, 태양광발전소 1메가와트짜리를 70만 개 정도 설치하면 에너지 전환과 탄소 중립을 달성할 수 있을 거야. 영농형 태양광을 설치하려면 농토가 얼마나 필요할까? 우리나라 국토 면적이 10,400제곱킬로미터인데 농토 면적은 논과 밭을 합해서 15,600제곱킬로미터 정도야. 영농형 태양광발전소 1메가와트를 설치하려면 약 0.014제곱킬로미터가 필요해. 70만 개면 10,000제곱킬로미터에 이르는 땅이 필요하지. 이는 우리나라 농토의 3분의 2 면적이니까 불가능하다고 보면 돼. 아마 10만 개 정도는 가능할 거야.

원자력의 경우에는 건설 부지를 찾기가 어려울 것이고, 찾는다 해도 건설 지역 주민들의 반대가 아주 심할 거야. 풍력발전기 4만 대를 건설하는 것 역시 어민들의 반대가 만만치 않고 비용도 아주 많이 들어. 2050년까지 세우는 건 불가능할 거야. 2030년까지 10년간 1,200대 정도 건설할 텐데 그 후 20년 동안 1년에 1,800대씩, 앞선 10년 동안 건설한 것보다 1.5배나 빠르게 1년 안에 건설해야 하거든. 그래서 탄소 제로가 아니라 탄소 중립 선언을 하는 거야. 탄소 중립 달성이 탄소 제로 달성보다 더 쉬우니까.

탄소 중립 달성하기

탄소 중립은 탄소 제로와 달리 화석연료 사용과 이산화탄소 배출을 허용하고 있어. 다만 그것을 상쇄해서 플러스 마이너스 제로가 되도록 만들기만 하면 돼. 화력발전소에서 나온 이산화탄소를 따로 분리해서 땅속에 가둬 버리면 탄소 중립이 되는 거지. 또 어떤 사람이 자동차에 휘발유 10리터를 넣고 150킬로미터를 달려서 이산화탄소 2.5킬로그램을 배출했다고 해 보자. 이 사람이 탄소 중립을 달성하는 방법은 공기속에 있는 이산화탄소 2.5킬로그램을 뽑아내는 거야. 그러면 플러스 마이너스 제로가 되는데, 이걸 하기 위한 두 가지 방법이 있지. 하나는 기계장치로 공기에서 이산화탄소 2.5킬로

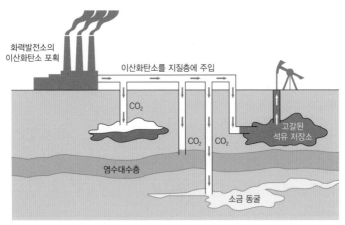

화력발전소의
이산화탄소 포획

이산화탄소를 지질층에 주입

고갈된
석유 저장소

CO_2

CO_2 CO_2

염수대수층

소금 동굴

8-4 이산화탄소 포획과 저장 과정. 화력발전소에서 배출하는 이산화탄소를 분리하여 폐광이나 염수대수층에 가둔다.

그램을 제거한 다음 땅속이나 깊은 바다에 가두는 방법이고, 또 하나는 나무같이 이산화탄소를 흡수하는 식물을 심어서 제거하는 거야.

어때? 이 방법이 모든 에너지를 태양광이나 풍력으로 만들어 쓰는 것보다 더 쉽겠지? 그런데 우리나라에서는 이것도 어려워. 나무를 심을 곳이 얼마 없거든. 산에는 이미 나무가 들어차 있고, 농지에 심으면 농사를 지을 수 없잖아. 그리고 콘크리트로 덮인 도시가 대부분이지.

하지만 방법이 있어. 다른 나라에 심는 거야. 동남아시아 같은 열대우림 지역에 잘 자라는 나무를 촘촘히 심고 관리하면 이산화탄소를 많이 제거할 수 있겠지. 그만큼 화석연료를 사용해도 탄소 중립을 달성할 수 있게 되는 거야. 그래서 한국, 중국, 일본 같은 여러 나라에서 탄소 제로가 아니라 탄소 중립을 선언하고 있어.

이런 방법도 있어. 우리나라는 원자력발전소를 더는 건설하지 않는 쪽으로 가고 있지만 다른 나라에서는 건설할 수 있거든. 우리나라 돈으로 다른 나라에 원자력발전소를 건설하고, 거기서 생산된 전기를 수소로 만들어서 가져오는 거야. 수소를 에너지로 사용하면 그만큼 화석연료 사용량이 줄어들고 이산화탄소 배출량도 줄어들겠지? 그것도 어려우면 다른 나라에서 화석연료를 사 오는 대신 원자력발전소나 풍력발전소에서 생산된 수소를 사 오는 방법도 있어. 2030년경에는 수소 관련 기술이 상당히 발달하고 그린 수소 생산도 꽤 늘어날 거야. 우리나라는 수소 운송 수단, 수소 보급망, 수소 연료전지 발전소 등을 준비해 놓았다가 이런 그린 수소를 활발하게 사용하게 되면 탄소 중립에 한 발짝 다가갈 수 있겠지.

그렇지만 다른 나라에 원자력발전소를 건설하거나 그곳에서 수소를 사 오는 것은 좋은 방법이 아니야. 우리나라에서 태양광과 풍력발전을 크게 확대해서 이산화탄소 방출을 제로로 만드는 것이 가장 좋지.

풍력발전기의
변신

앞서 말한 수평 축이나 수직 축에
날개가 달린 풍력발전기 외에 다른
방식도 있어. 꽤 다양한 형태가 나

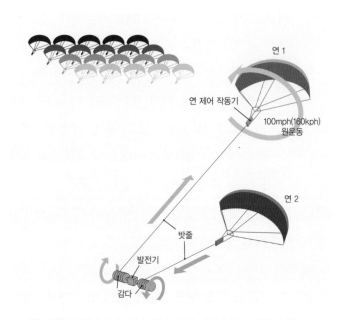

8-5 연을 이용한 풍력발전. 두 개의 연이 번갈아 위아래로 왔다갔다하며 전기를 생산한다.

와 있지만, 대부분 상용화될 것인지는 미지수야.

한 가지 흥미로운 형태는 커다란 연에 굵은 줄을 매달아서 수백 미터 상공에 띄우고, 연이 올라갈 때 줄이 풀리면서 축을 돌리는 힘으로 발전기를 돌려 전기를 만드는 거야. 높은 하늘에는 바람이 강하게 불어서 커다란 연이라도 아주 잘 날아. 바람의 힘을 케이블로 전달받아서 발전기를 돌리는 거야. 여러 형태로 시험 제작된 제품에서 전기가 생산되었는데, 대량으로 보급되는 것에 대한 전망이 밝진 않아. 10메가와트가 넘는 대형 수평 축 풍력발전기와 경쟁을 할 수 있어야 하니까. 물론 지금은 시험용으로 제작되고 있으니 기술이 성숙해지면 육상뿐 아니라 해상에서도 전기를 생산할 수 있을 거야.

미래 에너지,
비판과 진실과 우리의 미래

미래 에너지로는 태양광, 풍력 외에도 조력, 지열, 파력, 바이오 에너지 등이 있어. 조력발전소는 우리나라의 시화호에 가면 볼 수 있지. 세계에서 가장 큰 규모야. 지열 발전소도 세계 곳곳에서 발견할 수 있어. 발전소가 아닌 지열을 이용해서 난방이나 냉방을 하는 시설도 있지. 파도를 이용하는 파력발전은 소규모의 실험적인 시설만 있을 뿐이야. 바이오 에너지는 발전과 난방, 그리고 자동차 연료로도 널리 이용되고 있어.

그렇지만 모두 미래 에너지 공급에서 담당할 역할은 크지 않을 거야. 댐 방식 조력발전은 설치할 수 있는 곳이 한정되어 있고, 지열 이용은 아이슬란드같이 땅속 마그마 활동이 활발한 지역에서만 성공할 수 있으니까. 다른 지역에서도 땅속 깊이 물을 넣어 수증기를 만들어서 발전을 할 수 있지만 지진이 발생할 위험이 있어. 바이오 에너지는 어떨까? 목재를 이용해서 만들 수 있고, 에너지 작물을 재배해서 에탄올이나 바이오 디젤 같은 연료를 얻을 수도 있지. 상당히 많은 에너지를 얻을 수 있지만, 대규모로 하면 숲이 파괴되고 농작물 재배마저 못할 수 있기 때문에 한계가 있지.

결국 미래 에너지로는 태양에너지와 풍력이 가장 큰 역할을 할 거야. 지금도 빠른 속도로 늘어나고 있지. 그런데 저항도 만만치 않아. 태양광 발전에 대해서는 숲을 없애서 산사태를 일으키고, 농지를 잠식하여 식량 자급률을 떨어뜨리고, 빛공해, 전자기파 위험을 낳는다는 비판이 있어. 풍력발전은 소음, 저주파, 경관 파괴, 어장 파괴, 그림자 공해, 새의 죽음 같은 문제가 제기되고 있지.

우리나라에서는 태양광발전소를 산에 건설하는 경우가 많아. 이때 숲을 없애 버리고 맨땅을 드러낸 채로 공사를 하면 산사태 위험이 커져. 그러니 가능한 한 태양광발전소를 산에 건설하는 것은 피해야 해. 농지에 농사를 포기하고 건설하는 것도 문제가 있어. 태양광발전 사업이 농사짓는 것보다 수익을 더 가져다 줄진 모르나, 식량 생산이 줄어들 위험이 있기 때문이야. 물론 축사와 창고 지붕, 대형 온실의 북쪽 지붕에 설치하는 것은 상관없어. 오히려 권장해야 할 일이지. 그리고 영농형 태양광발전소를 건설하고 그 아래에 간접광에서도 잘 자라는 작물을 경작하는 것도 바람직한 방식이야. 경사가 있는 밭에 건설하고 그곳에 닭이나 소를 방목하는 것도 나쁘지 않아.

가장 좋은 방법은 건물 지붕과 벽에 설치하는 거야. 우리나

독일 노르트호른의 슈퍼마켓 지붕에 설치된 태양광 발전소. 발전 용량은 2.2메가와트다.

라에는 대형 공장과 물류창고가 많아. 간간이 태양광발전소
가 설치된 곳이 있지만, 비어있는 곳이 훨씬 많지. 여기에 설
치하면 숲이나 논밭을 없애지 않고도 태양광 발전을 꽤 많이
할 수 있을 거야. 전기 자동차 분야에서 독보적인 위치를 차
지한 테슬라 회사의 공장은 규모가 너무 커서 '기가 팩토리'라
고 하는데, 그 지붕에 태양전지판이 가득 차 있어. 이렇게 지
붕에 설치하는 것이 가장 좋고 또 사람들의 동의를 얻는 길이
야. 그리고 사실 빛 공해나 전자기파 위험은 왜곡되고 과장되
었어. 빛 공해는 태양전지판이 햇빛을 반사해서 피해를 준다

는 것인데, 아파트 베란다 같은 곳에 설치하면 간혹 그런 일이 일어날 수 있지만, 발생 가능성은 거의 없어. 전자기파 위험은 전기나 전파가 흘러가는 곳이라면 어디에나 있지. 집안에서 핸드폰을 사용할 때에도 전자기파는 발생해. 문제는 강도인데, 고압선에서 발생하는 전자기파는 상당히 강해서 위험하지. 하지만 집안이나 태양광발전소에서 나오는 전자기파는 위험이 크지 않아. 이런 곳의 전자기파도 무섭다면 전기를 일절 사용하지 말아야 해. 지금 시대를 살아가는 우리로서는 불가능한 일이지.

풍력발전기의 소음은 가까이 갈수록 심해져. 그런데 대부분의 풍력발전기는 민가로부터 좀 떨어져 있기 때문에, 소음 문제는 과장된 거야. 가까이 있다면 분명히 소음 피해가 발생하지. 이런 경우는 건설 허가를 내주면 안 돼. 저주파도 발생하지만, 이것도 거리에 따라 줄어들기 때문에 풍력발전기가 멀리 있다면 문제는 안 되지. 경관은 어떡하냐고? 경관이 달라지는 것은 분명하지. 그 전까지 풀만 있던 들판이나 평평한 바다에 거대한 풍력발전기가 수십 개 들어선다면 많은 사람이 거부감을 느낄 수 있을 거야. 하지만 그게 기후 변화와 미세먼지를 억제하고 청소년의 미래를 위한 것임을 확실하게 알고 있는 사람이라면 거부감이 적지 않을까? 어떻게 받아들이냐의 문제라는 거지.

바다에 설치하면 어장을 파괴한다는 주장을 특히 어민들이 많이 하는데, 완전히 틀린 말은 아니야. 물고기들의 산란 장소에 설치하면 산란을 방해하기 때문에 어장 파괴가 일어나거든. 그래서 바다에 풍력발전소를 건설하려면 먼저 세심하게 조사해서 설치하면 안 되는 곳과 설치해도 되는 곳을 알아내야 해. 또 그림자 공해는 날개가 돌면서 그림자가 규칙적으로 생기는 것을 말해. 마당에서 쉬고 있는데 반복적으로 그림자가 휙 지나가면 신경 쓰이고 불편하잖아. 그런데 이런 문제도 풍력발전기가 멀리 떨어져 있으면 문제가 되지 않아. 저녁이나 아침에 해가 아주 낮아서 그림자가 길 때 잠깐 생길 테니까. 아, 새들이 날개에 부딪쳐서 죽는 것은 사실이야. 그래서 가능한 한 새들이 날아다니는 길목에 설치하는 것은 피해야 해. 하지만 높은 건물의 유리창에 부딪쳐 죽는 새들, 길고양이들에 의해 죽는 새들의 수도 아주 많아. 미국에서는 높은 빌딩에 부딪쳐서 죽는 새의 수가 매년 6억 마리나 된다고 해. 그러니 풍력발전기가 새들에게 위험하다는 주장은 조금 과장이라고 할 수 있지.

기후 변화와 미세먼지를 극복한 미래를 위해서는 재생 가능 에너지를 빠르게 확대시켜야 해. 이 과정에서 희생되는 것들과 여러 문제들이 발생하는 건 불가피해. 하지만 이런 것들 때문에 주춤거리면 밝은 미래는 오기 어려울 거야. 새로운 것을 시도하고, 그 과정에서 문제들을 찾아내고 예방책을 만들어가면서 앞으로 나아가야 미래가 보장되는 거야.

과학
좀 아는
십 대
13

미래 에너지
좀 아는 10대

초판 1쇄 발행 2022년 2월 15일
초판 3쇄 발행 2023년 5월 12일

지은이 이필렬
그린이 방상호
펴낸이 홍석
이사 홍성우
인문편집팀장 박월
책임편집 박주혜
디자인 방상호
마케팅 이송희 · 한유리 · 이민재
관리 최우리 · 김정선 · 정원경 · 홍보람 · 조영행 · 김지혜

펴낸곳 도서출판 풀빛
등록 1979년 3월 6일 제2021-000055호
주소 07547 서울특별시 강서구 양천로 583 우림블루나인비즈니스센터 A동 21층 2110호
전화 02-363-5995(영업), 02-364-0844(편집)
팩스 070-4275-0445
홈페이지 www.pulbit.co.kr
전자우편 inmun@pulbit.co.kr

ISBN 979-11-6172-832-2 44500
979-11-6172-727-1 44080 (세트)